會帶人的主管才知道

指導しなくても　部下が伸びる！

問話の技術

IKUTA YOSUKE
生田洋介◎著　郭欣怡◎譯

前言

他「主動去做」，你才是高明的主管

從事經營顧問多年，我參與過大大小小企業的改革，其中最特別的是，我觀察許多公司在改革過程中，默默創造了「不用帶人，部屬就能自己成長」的團隊。

當一個公司試圖追求更大的組織活化與改變時，假如讓主管一直搶在前頭的話，這種公司通常會失敗。**「改革」並不該是全部由主管做主導，應該由該公司的員工一起推動才是。**就算主管拼命地指揮大家「應該這麼做」、「應該那麼做」，員工還是無動於衷。相反地，假如由公司內部的員工主動進行的話，主管只要做全體統籌與支援工作即可，**公司內部便會自動進入一種「我們自己正在改革當中」的氛圍。**這時員工的想法會產生自主性，能夠自動自發地思考：「我想讓自己的公司成為什麼樣的公司。」

●不是「教你做」，而是「跟你分享」

同時，為了讓公司團隊更進步的「研習課程」當中，我也一直實踐**「不帶人＝不教人」**的原則。在研習課程當中，不是要教導對方什麼樣的知識，而是藉由分享團隊達成共同目標的經驗，讓參加者能夠自動自發地學習。

很多人一聽到「研習課程」就會立刻聯想到「來的講師要教我們什麼？」。**這種「別人要教自己的想法」就會讓參加者變得「被動」**。而且參加者很容易因為在現場取得了知識後便獲得假象的滿足感，同時也容易因為沒有具體的實踐經驗，導致在職場上也無法運用研習所學的內容，最後便因時間久遠而忘得一乾二淨了。因此藉由這些過往的經驗，我深深覺得**人與其「被教」，不如自己「從經驗中學習」比較能獲得較深遠的影響力，同時滿足度也較高。**

◉你是在帶人？還是抹殺他的潛力？

這種「不帶人」的研習課程當中，參加者互相聆聽意見的機會增多了，其中有許多主管對於「如何讓部屬成長」這點感到十分困擾。另一方面，在較年輕工作者的研習課程當中，卻常聽到年輕人希望他們的主管能為他們多做些什麼。而且，如果仔細聽這些主管的研究課程內容會發現一個事實——與其說是主管教導部屬的做事，不如說，這些指導的內容，不過是主管「強行將自己的成功法則冠在部屬頭上」而已，因此部屬變得愈來愈被動，愈來愈不會用自己的頭腦思考。這種現象，對各家企業來說，是一種很大的危機！

一聽到「不教人」的實踐原則，可能有很多人會立刻聯想到「主管偷懶」、「什麼都不做」。**「不教人」不是為了讓主管「感到輕鬆」，而是希望對部屬的成長有所幫助，看到部屬「顯著的成長」，希望營造讓部屬容易成長的環境。**本文中也會與各位分享「人擁有自我成長的能力」的觀念，但一切得看你的上司能否激發或者抹殺你的自我成長能力。

◉部屬用大腦思考，你才有時間做大事

本書提出10種不同場合中的工作實況，為各位領導者、管理階層解說，如何在不用一個口令一個動作之下，便能讓部屬自我成長。我將這個事實畫成了「**不用帶人，部屬**

會自己成長的積極組織循環圖」（請參照第6頁的圖）。同時，我們也帶你一起思考，如何不陷入每天被部屬的麻煩追著跑，導致自己也無法好好工作、甚至團隊成績下降的**「負面組織循環」**中。或許有一些道理你已經懂了，但只要藉由一個小動作，不斷地每日累積正面能量，**懂得用自己大腦思考的部屬增加之後，身為主管的你也能將自己的精力用在更重要、更大型的工作上。**

對於所有必須帶領部屬，尤其是必須兼顧「帶人」和「達成業績目標」的主管來說，希望這本書能幫你的團隊達到顯著的成長，同時讓組織內的關係變好，實現快樂職場的夢想。

生田洋介

＼只要看了這本書，一定能學會！／

不用帶人，部屬會自動成長的積極組織循環

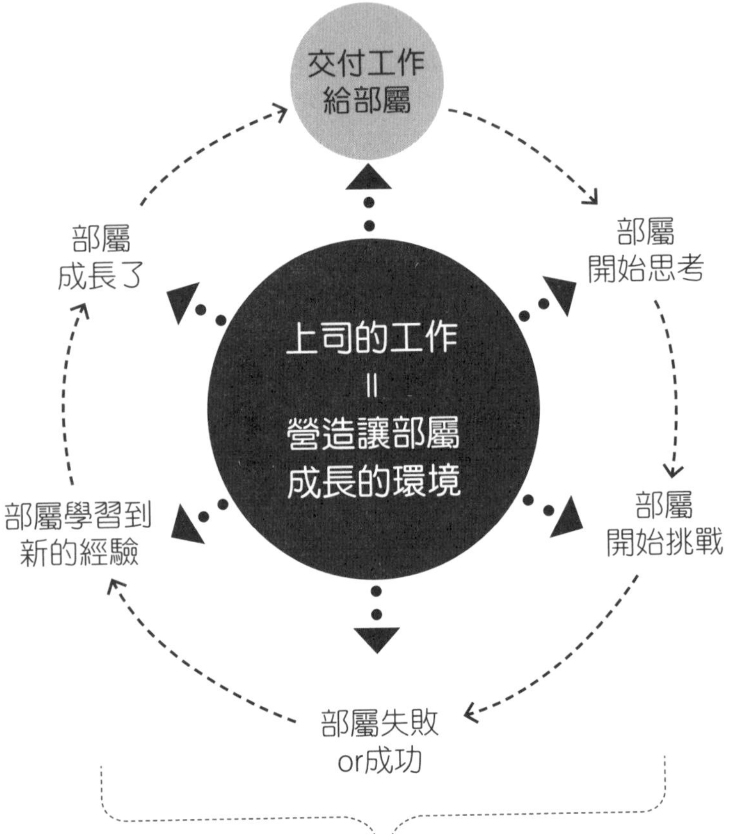
交付工作
給部屬
部屬
開始思考
部屬
開始挑戰
部屬失敗
or成功
部屬學習到
新的經驗
部屬
成長了
上司的工作
＝
營造讓部屬
成長的環境

●不用帶人，部屬會自己成長！

不用凡事親力親為，你的團隊也會做出成效！

負面組織循環

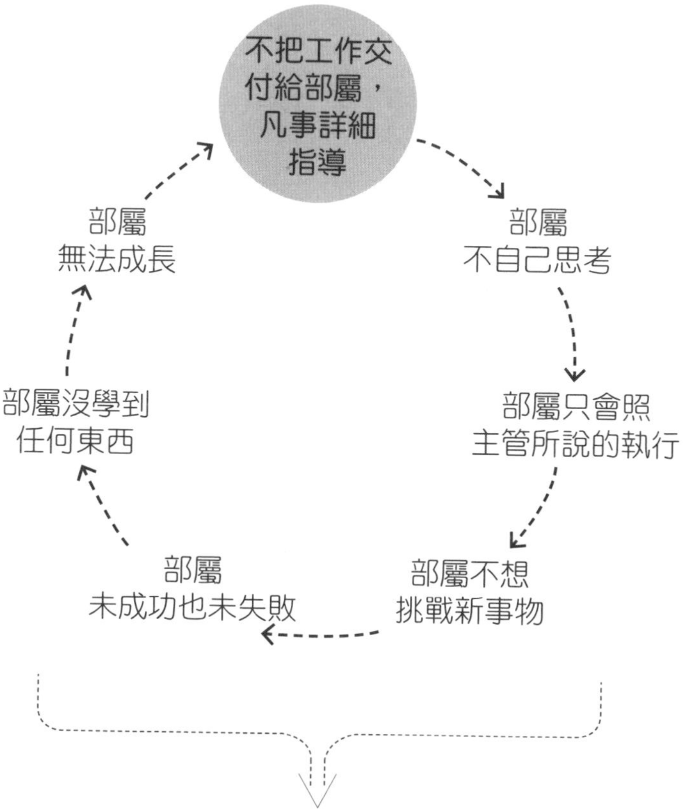

●永遠一個口令，一個動作的話，
你將連自己份內的工作都做不好，團隊成效為「零」！

目錄

第2章

工作開始前，訂出明確目標 56

第3章

分配工作時，主管要「選對人」 81

第5章

一對一面談時，具體說出部屬的成績 139

第8章 部屬失敗時，「自省」比「責備」更有效……206

終章 成為讓部屬想追隨的主管

會帶人的主管，一定要懂得「問話的技術」

比起「命令句」，不如給他1句重點「疑問句」

當主管更累，為什麼？

「好久沒去打高爾夫球了……」

「好懷念以前下班跟同事去喝一杯的生活。」

「假如一天有48小時就好了。」

每次為管理階層人員開設課程時，最常聽到他們發出以上的抱怨。

◉又要帶人、又得做好份內工作，好累！

也就是說，大家口中常提到的「經理」，不管在心靈上或實際生活中，都無法好好地享受自己的生活，總是給大家疲累不堪的印象，不過我認為，這是**因為主管過度被神化（一人兩用）的關係**。

日本人有一項統計調查顯示，「當主管必須負擔業績目標的比例」，**從1985年原本不滿20％，到2008年卻已提升到90％**，這樣的變化可說是職場平坦化及成果主義所衍生的連鎖現象。老闆總是這樣想，主管只要同時做好管理工作及所負責的業績目標，就可以提升整個團隊的工作效率。可是，在一個以降低成本為主要考量的職場上，這樣的期待往往都只是空想而已。而這其中深受其害的人，就是主管們，他們大多被夾於自己的「業績目標」與「管理工作」當中，而漸漸對工作感到疲累。

◉凡事都要插手，當然沒時間「管理」

中階主管通常都是曾經打過勝仗或有優秀表現的人，因此他們**對部屬做出的要求自然也不會太低**。當部屬無法如期完成目標時，主管便會陷入壓力中，認為「為什麼這麼簡單的事也做不好呢？」接著，**便將原本為部屬做不好的事通通攬在自己身上，不只多花時間做其他人的工作，導致最後沒有時間「管理」部屬**。對部屬沒有信心，接著一切事必躬親，最後缺乏充足時間管理員工——永遠陷入這個永無止盡的不良循環當中。

而且，通常這些主管都屬於「力爭上游，一步一步往上爬、漸漸自我成長」的類型，因此他們**缺乏帶人經驗與多樣化的管理方法**，導致他們在帶人感到很大的壓力。

◉「帶人方式」，直接影響團隊成績

有些主管不需要承擔「教人」的責任，但多數主管對於「帶新人」這件事感到無比的壓力。尤其是當新人比自己年長時，主管還必須設法打破不同世代之間的隔閡，光在「溝通」上就要付出很多的力氣。

自己明明已經付出最大的努力了，但團隊的成效卻無法如期成長。最大的原因或許就在「你」這位主管身上。**如果希望看到團隊成長的話，首先請檢視自己的管理作風。**

當主管，要拋開3種管理迷思

當我們想做出重大改變時，假如能**以不同於平常的觀點來看待事物的話，通常能有意外的驚人發現**，同樣的原理也適用於團隊經營管理者身上，以下是管理階層常見的三大迷思：

◉【迷思❶】身為主管，業績一定要第一名？

「只要我能夠率先做出高業績，就能夠站穩領導者的地位。」雖然有很多人這麼想，但光會看數字的主管是無法做出一番成績的。只有能夠真正「帶領」團隊，大家才會真正覺得你是一位貨真價實的「領導者」。

有些主管總是將部屬做不好的部分攬下來自己做，但這麼一來不但無法讓部屬成長，整個團隊的戰鬥力也無法提升。**即使無法做出最棒的業績，也請多用一些時間來帶領團隊！**

【迷思❷】帶人不用交心，只要部屬照著做就好

「帶人」並不是要帶出一個只會百依百順、言聽計從的部屬。工作有許多方法，而每一個部屬也都有自己的個性，**如何營造一個能夠讓每位部屬充分發揮能力的環境，才是經營管理者的工作。**如同植物的種子及秧苗擁有成長的力量一樣，每個人與生俱來也擁有自己的生存及成長能力，請不斷地灌溉他們充足的水源，創造一個讓部屬不斷茁壯成長的環境。

【迷思❸】人人各自努力，就能夠達到團隊目標

每個部屬都有不同的目標，只要人人能夠達成，自然也就能夠達成團隊目標，可是只有這樣還不夠。愈來愈白熱化的競爭，日漸複雜的工作內容等等，愈來愈多的工作內容無法單靠一人的力量，必須倚靠團隊的力量才能完成。

成功達成目標，共同享受團隊的成功經驗，才能打好團隊的能力底子，因此**應該追求團隊的成功，而不單只是個人的成功**。拋開這些迷思，才能讓你朝有效率的領導者邁出第一步！

不用帶人，部屬也會自我成長！

所謂的「帶人」，一般被定義為以下意思：

❶指導、引導人朝某個目的、方向去做。

❷指導、引導人朝某個「自己想要的方向」去做。

假如依循以上定義的話，「不帶人」就等於「不教他」，這是最高的帶人境界。

◉帶人不能紙上談兵，實際去做學得最快

在以往的學校教育模式中，都是由老師依循教科書上的課程來教學，而這個方式我們視為一種「教人」。但是，這樣子的「教人」模式並無法讓學生充分發揮想像力及個人特色。

即使是我自己主導的研習課程中，也不太做「教人」的工作。課程的講師並不會提出「所謂的『教人』，指的就是這樣子的內容」、「面對這樣子的人時應該這麼應對」等等的定型觀念，而是讓參加者以團隊的執行模式，找出解決問題的方法，再透過團隊討論營造讓每一個團隊成員都能積極參與的環境。即使課程只有短短兩天，參加者也能獲得明顯的成長後重返職場。

◉讓他成為自己的老師，不是你

參與課程時，我並不是以「講師」的身分參與，而是以「輔導者」、也就是「推動者」的角色參與其中。而我的主要工作內容為以下五個：

❶營造和諧的團隊參與環境。
❷明示課程的整體內容及目標。
❸事前規劃能夠幫助參與者達成目標的流程，同時與參與者共享良好經驗。
❹不教學，讓參與者思考（促使他們積極參與）。
❺隨時觀察參加者或團隊的狀態，適時加入或退出，以期創造最佳的參與狀態。

只要花1～2小時就能說明研習課程的重點，但藉由兩天充實的經驗共享，卻能讓許多參加者「發現」不同的事物。而從「發現」到「學習」，就可以說是一種真正的成長，同樣的原理，也適用於各位的部屬。

◉帶人之前，當主管應該有的四種心態

主管可以運用許多不同的技巧與方法來帶人，但在運用這些技巧時，心態很重要。帶人之前，當主管應該有的四種心態：

●【心態❶】讓他感覺，你對他有期待

假如無法相信部屬是有能力的，再好的培育部屬計劃都只是空談。讓部屬感受到你對他的「期待」，部屬就會盡力達成你的「期待」。

●【心態❷】任何人的意見都是有價值的

假如自己的意見不受到尊重，人就不想再發表意見，甚至開始停止思考。「因為是部長的意見，所以絕對正確」、「因為是社長說的，所以一定萬無一失」等等，這樣的

想法是絕對禁止的，請確實傾聽所有團隊成員的意見。

● 【心態❸】團隊一起執行，比一個人的成效高

如同「三個臭皮匠，勝過一個諸葛亮」這句俗語一樣，假如能夠經過一個團隊討論的過程來做決定的話，就能創造意外的成效。

● 【心態❹】自發思考，帶來強烈的自主性和參與的熱情

這是最重要的想法，人是一種不喜歡「被教導該如何做」的動物，「自己決定」的事情比較能夠燃燒起體內的熱情，同時也能快樂地執行計劃。而如此積極的態度才能創造高成效，這一點請各位務必銘記在心。

這樣子的想法必須建立在不畏現狀的心態上，可是，假如對現況感到安逸、退縮，而不敢前進的話，將無法改變任何現狀。為了能夠確實地踏出每一步，希望大家能夠隨時注意自己的心態。

主管不是聖人，但有些事絕對別做錯

某家外商公司的人事部負責人曾告訴我，「有許多經理以為帶部屬是自己的工作內容之一」、「大家都以為帶領較年輕的員工是人事部的責任」。

◉提供「累積工作經驗」的「團隊工作」

我可以確定的是，帶部屬絕對不是主管的主要工作。達到公司要求的數字與目標、完成自己應盡的責任等，這才是主管的首要任務。就算如此，假如團隊中的部屬無法成長的話，團隊成績也衝不出來，通常「放牛吃草」的放任管理方式，絕對無法帶出優秀部屬。

幫助團隊成員成長的最簡單方法，就是累積他們的經驗，一個人辦不到的事情，只

NG 行為大禁忌！主管NG行為檢視單

□不主動跟部屬打招呼

□除了公事外不跟部屬聊天

□打斷部屬的談話，無法傾聽到最後

□為難、責任部屬

□在別人面前責備部屬

□不斷指出部屬的弱點

□不斷將自己的做事方式加諸於部屬身上

□不告訴大家團隊前進的方向

□事必躬親，工作一把抓

□開會時自己滔滔不絕

□和部屬一起抱怨公司

□對部屬的失敗行為睜一隻眼閉一隻眼

□搶部屬的成果炫耀

□不承認自己的錯誤

□常常板著一張臉

→只要你符合任何一項，就該馬上打開本書！

要很多人一起做就可以順利完成了。讓團隊適時動起來，累積許多優質經驗後，每一個成員便能漸漸獲得成長。除了把焦點放在個人的成長外，也請同時將焦點放在提升團隊成果上，只要團隊能夠拚出一番好成績，自然就能培育出優秀的部屬！

＊《會帶人的主管才知道問話的技術》使用方法

我們站在經營管理者的立場，將培育部屬時不可不知的知識，分成10個不同場景為各位做說明。你可以❶按部就班地從頭讀起，或者是依據不同場合，假如❷「明天就要開會了！」，立即翻到「**第6章　開會時**」的章節開始讀起。**這就是主管們的工作聖經！**

新團隊運作前，先建立「向心力」

「關於這次的新提案，有什麼好點子嗎？」

01 新人加入，是「整隊」的大好機會

掌握領導時機，對主管來說是非常重要。新團隊的開始、新人加入、公司搬遷、部門調動……，這些時候都是「整隊」的大好良機。凡事在剛開始的時候，大家對每件事都會小心謹慎，主管也比較容易開創新氣象。這時候，主管可以藉機轉換部屬的情緒，同時也可以建構團隊的向心力。

◉用開會方式，迅速進入狀況

主管是否能夠建立同事之間的合作默契，決定這個團隊是否能成功。

足球比賽開始之前的幾分鐘，教練會聚集大家開一種「Kick Off會議」（專案啟動會議），目的是讓隊員思考「全隊方向」及「隊伍現狀」。足球界將這時的賽前迷你會

議命名為「Kick Off」，所以只要說到「Kick Off」，就讓人聯想到「即將開始」的感覺。這種會議模式，也很適用於職場。

有時候主管若是想藉機轉換部屬心情，也可以在公司外面舉行一整天的動腦會議，如果公司有時間及預算上的限制，在公司內進行也可以。只是，不管在公司內或在外進行會議，時間一定得為一整天。為了讓團隊內的成員能團結一致，請先從專案啟動會議開始。

「專案啟動會議」的標準流程

時間	所需時間	內容
9：00	15	開場：專案啟動會議的目的
9：15	45	**暖身課程**：自我介紹、暖身遊戲
10：00	60	上司與部屬的角色、雙方的期待值
11：00	90	**團隊任務** →「提供什麼樣的價值給什麼樣的對象？」 →「做什麼事是值得的？」
12：30	60	中餐
13：30	60	**公司願景** →「為什麼有這樣的願景？」 →「○年後的願景是？對公司的想像？」
14：30	90	**價值觀** →「認為對團隊來說最重要的事情是？」 →「大家的行動方針為何？」
16：00	45	**終場發言** →大家輪流分享自己的「決心」。
16：45 17：00	15	賦歸

※別忘了讓與會人員「適當的休息」

02 丟掉稱謂、頭銜，才能拉近關係

不管是什麼樣的團隊，新人加入或其他部門調職組成，大家總是很容易陷入莫名的緊張狀態。緊張的原因不外乎是對未來的不明確感，或團隊成員之間不熟悉所致，而也常因為不熟悉，導致部屬們會私下暗自較勁、彼此提防、刻意保持距離。主管的當務之急，就是必須先打破這種情況。

◉簡單的自我介紹，是「破冰」的最佳途徑

我通常處理這種狀況的方式，就是在開始一定會進行「Ice Breaking（＝破冰儀式）」的暖身活動。緊張的情緒將會嚴重影響工作進度，所以愈早打破參加者之間的冰點，愈能夠早日幫助他們彼此建立良好關係。

因此，在開專案啟動會議時，為了讓成員彼此之間能夠更了解對方，增加親近感，也請上司進行「破冰儀式」，以下舉出幾個破冰的活動內容：

❶做一次特別的自我介紹

可以加入「座右銘」、「素顏時絕對不能出現在職場」、「有點小自戀」、「假如我中了3億樂透的話……」等，用較特別的自我介紹方式，讓大家更認識自己。

❷與大家分享自己的興趣

「現在十分熱中於其中的事物」、「無法離開的事物（無法戒掉的物品或習慣）」。

❸記住名字的「記憶遊戲」

請大家圍成一圈，然後一邊叫出對方的名字，一邊互相傳球（使用2個以上的球）。

❹身體接觸的遊戲或體操

猜拳遊戲、2人一組的體操等等，重點是讓成員們簡單的互動。

可以藉由進行以上的活動內容，提高團隊成員彼此之間的親近感，為全新的出發做最好的準備。

◉主管與部屬的關係，直接影響進步速度

為了打破成員之間的內心隔閡，開朗、開心的氣氛是絕對需要的。而營造氣氛的人就是主管，所以請盡你最大的力量將快樂散播給大家。

這個時候，**讓部屬稱呼你為「○○組長／主任」，那就失去破冰的意義了！讓他們直接用「名字」稱呼你，對於拉近距離，絕對會有意想不到的效果。**如果是用小名稱呼你，那更好，這麼一來可以大幅降低團隊成員內心的警戒度。

與主管之間的關係將大大影響部屬的進步速度，「關係」是讓部屬成長的「土壤」，而「人際關係」就好比黏著劑一樣。新團隊運作前，創造良好關係正是主管的首要目標。

03 拼業績，是主管的工作嗎？

許多部屬常會認為，主管應該要做得比自己更好，或者至少不能比自己差，會用高標準來評估自己主管。為什麼會這樣呢？

◉讓部屬認同主管的角色，也是你的工作

很多人對於「主管」所扮演的角色不夠了解，只要看到主管沒有「埋頭苦做」，就會心裡產生這種想法：「主管都閒著沒事做，真過分耶！」。

主管在適當的機會中，可以讓大家思考「部屬」和「主管」的角色差異在那裡，清楚地跟同事們傳達自己所扮演的角色內容，也可就此觀察你帶的人對主管有什麼期待。

◉主管的工作，是讓部屬「自動成長」

傳達主管的實際工作內容時，要讓他們明白以下4個重點：

❶主管不一定是最高層的管理者，**主要責任是負責統一團隊的「方向」與調整團隊成員的「關係」**。因此，主管必須犧牲「業績」這一塊。

❷主管**重視的是團隊成果**。

❸盡可能的幫助每個部屬成長，但**不等於一一教你怎麼做**。

❹對於部屬們所做出的決定，必須負最終的責任。**不管發生什麼事情，都保證會站在部屬這邊**。

一邊將主管的工作內容告訴大家的同時，也別忘了一邊確認是否所有部屬們都已清楚明白，同時也能夠接受「主管」的角色代表意義。

04 除了賺錢，公司的「核心目標」是什麼？

你是否曾思考過：「你上班的公司是為什麼而存在？公司目標是什麼？」既然是公司，追求利潤是必然的。然而，觀察公司的所有動向，除了賺取利潤之外，一定還有某個「核心目標」，是執行各項決策的依據。

例如，某間外商製藥公司的企業宗旨就是：「藉由幫助大家在所有人生舞台上永保健康外，也希望為大家謀取最大的福祉及創造最高生活品質（Quality．of．life）。」而另一間大型化妝品製造商的公司核心目標是：「希望透過與多數人的邂逅，發現全新、有深度的價值，同時創造美麗的生活文化。」

◉為自己的工作，感到驕傲

這裡所謂的「宗旨」，是公司的存在理由與目的。通常每間企業都有自己的企業宗旨，主管應該明確告知公司成員。

缺少了「目標」，部屬將不知自己為何而努力，只知道為了抓住眼前的利潤而短視近利，甚至開始變得自私、以自我為中心。相反地，假如能夠**將公司所肩負的社會責任傳達給員工，讓員工對自己的工作感到驕傲，工作表現也將因此而提升。**

讓員工充分了解企業目標，再藉由「共享」，幫助每個員工成長，同時也能提高團隊成員之間的親密度。團隊中的「良好關係」，並不是指成員間的感情一定得像朋友一般地「要好」。「良好關係」指的是團隊成員能夠互相了解，能夠共同朝一個有意義的目標所努力，在商場上能夠以夥伴的姿態，互相信任、並肩作戰。

◉看見「目標」，無趣的工作也有意義了

「為什麼你現在要做這份工作呢？」、「這份工作能為什麼樣的族群創造什麼價值

嗎？」除了公司明定給大家的核心目標外，也可以請部屬們思考：「能夠讓自己充滿期待的工作目標，是什麼？」

決定工作目標之後，必須讓每位成員時時提醒自己，如此不但能大幅提升工作技巧，原本千篇一律的工作內容，也將變得有趣、有意義。

05 員工說：「公司也是自己的」，你就成功了

這裡的「任務」，指的是一間公司、或個人的中長期目標、未來藍圖。具體來說，指的就是**「想讓自己所服務的公司，成為一間什麼樣的企業？」**

沒有目標的團隊，業績一定會下滑

假如主管無法給同事具體且清楚的未來方向，大家對公司的未來一無所知，接著便會失去目標，連帶的業績也會下滑。這種情況之下，不但原本的目標無法順利達成，部屬也不可能有所成長；就算達成了目標，團隊成員也可能會對未來出現消極的態度。因此，具體的「未來成功想像藍圖」，是期待部屬成功的關鍵要素。

主管在接受公司的企業宗旨時，也能夠清楚知道自己的團隊能夠對公司有什麼樣的

貢獻。接著，主管要讓部屬能夠主動思考，並接受「公司訂出該宗旨的主要原因」。

假如只有「指揮」和「下令」，同事將不可能重視公司的目標，如果無法讓大家認為公司「也是自己的」，不僅無法發揮主導性，也不會試著自己思考。**可是，如果讓部屬產生「經營參與感」，他們就會樂於主導，並開始思考「我想讓公司成達到這個目標」。**這麼一來，各個部屬的自我目標（對公司的未來想像），便會集結成全公司的共同目標。

◉共識，會讓彼此產生信任

假如，萬一公司沒有「企業宗旨」，只要領導者能夠清楚、明白告訴同事公司的「目標」為何，所有成員就能一起思考。人們藉由各種不同想法來溝通，藉由分享自己的想法，進而互相了解，最後獲得彼此的認同。

另外，同事之間能對未來藍圖與努力的理由產生共識，那麼就能認同彼此該做的工作，更可以進一步建構彼此間的信任關係。

一個公司如果目標各異，最後只會淪為多條平行線，無法達成團隊追求的目標。沒有成效的團隊，員工不可能有所成長！這一點請主管們務必銘記在心。

06 主管的價值觀，決定公司文化

所謂的「價值觀」，指的是提出評價、展開行動、思考時，判斷何為大事，何為小事的依據，是決定優先重要度的標準。和「任務」及「未來的想像」的含義不同，解釋的範圍較廣，也將大大影響「個人的情緒」及「與他人之間的關係」。

◉口是心非，影響別人對你的觀感

每個人都有價值觀，可是，當自己被問及「你的價值觀為何？」時，能立刻答出來的人不多。假如忽略了「價值觀」，會發生什麼狀況呢？

例如，A課長一直認為「親切待人」應該是自己想表現的「價值觀」，但是每當他特別忙碌或感到疲累的時候，部屬找他談話，他總是敷衍以對。於是，認為「應該親切待人」的A課長，潛意識裡的真心話卻是「我好忙，請不要跟我說話」、「我很累，請不要跟我說話」等，心裡所想的真正想法（忙碌時不想別人打擾）和價值觀有巨大的差異，導致他的罪惡感與日俱增，慢慢開始否定自己，想法漸趨消極。不但無法從周遭同事身上獲得「A課長待人親切」的正面評價，與同事之間也無法建立信任關係。

◉價值觀不是空想，要用行動落實

如同上述的例子，大家應該常遇到這種實際行事與自己的價值觀背道而馳的經驗。只要能夠清楚地勾勒出價值觀的樣貌，常把價值觀放在心上，就能成功抵抗眼前慾望及誘惑。「熱情」、「誠實」、「信任」、「凡事享受於其中」。只要能夠意識到這些積極且正向的價值觀，並且將其落實於實際行動或言語表達上的話，你將看到正向的結果，也能獲得正向、積極的評價。

所謂的「企業價值觀」，是在激烈的競爭底下也絕不能迷失的共通價值觀，是員工下決定與展開行動時的選擇依據。假如企業價值觀過於籠統，將導致員工在下判斷時毫無根據可言。

當然，每個生命個體（每個員工）都會有自己的不同價值觀，例如「重視顧客」、「創造力」、「革新力」、「自律性」、「互助合作」等等，企業必須能夠以團體為單位，讓成員共享這些價值觀。**只要團隊成員能共享價值觀，就能讓自己的行為模式獲得認同，做起事來也會輕鬆許多。**價值觀和公司目標一樣，絕對不是只有主管要思考的事情，請讓你的部屬們一起動腦思考。

07 「你們想怎麼做？」主管該給思考時間

有共同的價值觀之後，接著就必須讓部屬將價值觀化為行動及語言，讓他們在執行和對外應對時都能有一致的態度和言行。

為了讓整個團隊能夠朝同一個方向前進，在相同的價值觀下朝目標努力，必須讓每位成員了解公司的理念，並將其納入日常的例行公事當中，讓人人的方針皆能依循這個共同的方向。

◉部屬決定做法，認同度、實行度會大大提高

每次在研習課程中，為了喚起參加者的自覺，會請他們思考一個名為「黃金規則」的團隊行動方針。具體來說，我會先這麼問大家：

「假如想讓所有參加者都能在這兩天過得很充實，每個人應該採取什麼樣的行動呢？」

「注重時間管理」、「討論的時候全員皆須發言」、「必須仔細聆聽對方的發言直到最後」、「遇到問題絕不放棄，一定要堅持到底」、「享受研習生活」等等，大家一定會說出這些正面的意見。

就像上述所說的，團隊的行動方針不是主管單方面的強硬決定，**讓團隊成員一起創造行動方針**才是最理想的。

◉自己說出口的方案，比主管規定的更能達成

「為了完成這個專案，大家有什麼好點子嗎？」

「假如把價值觀套用在實際行動上，具體來說該採取哪些行動呢？」

主管請給部屬一個思考的環境，拋出問題。假如「誠實」為大家共同的「價值觀」，或許能聽到「絕對遵守時間和約定」、「遇到困難時請主動求助」等的意見；假如「革新」為其價值觀的話，可能會聽到「經常收集新的情報」、「因為我們必須聽取

不同的意見，所以也要尊重反對的聲音」的意見。

緊扣著「價值觀」，再整合成員所提出的做法或創意，就可以擬出幾個「行動方針」了。這時候，假如團隊成員能夠共同享有對實際行為與行動的「結果」或「目標」的話，團隊也能很快收到對等的回饋。

一邊與大家討論，一邊想像具體的行為與行動的樣貌，部屬們不但能更進一步對價值觀產生共識，甚至還會把公司的價值觀視為「自己的價值觀」。當部屬開始萌生這種想法之後，他們的行為和做法就能開始主動地朝「實踐價值觀」的方向去做。

08 猛抱怨的主管，不及格！

「這樣子的目標數字，反正是不可能達成了，隨便做做就好了。」

「反正公司的方針是朝令夕改，隨時還會再變，不用做得那麼認真啦～」

「反正上面的人說什麼，就回答『是！是！是！』準沒錯！」

「公司完全不懂部屬的辛苦，這種工作實在做不下去了⋯⋯」

假如主管自己對公司有這麼多的不平、不滿、絕望、事不關己的負面情緒，那麼，這樣的人完全「沒資格當主管」。

◉主管的不滿，直接影響部屬的情緒

根據某項調查指出，**對公司不滿的人幾乎都是因為主管而產生不滿，「抱怨」的**

話，只會引來更多的負面情緒。當部屬出現抱怨的發言時，可能是身為上司的你，曾經隨口說出對公司的不滿。

在滿口抱怨經的主管底下工作，你認為部屬會認真達成公司目標嗎？你認為部屬能夠提高戰鬥力讓自己成長嗎？身為主管，必須隨時保持看穿職場問題的能力，但假如以負面的方式表達的話，可能會導致周圍的能量都轉變成負面。主管的態度會左右部屬的工作意願，這一點也請銘記在心。

◉主管沒心，別妄想部屬自動把事做好

為了提高團隊的工作士氣，首先，主管必須了解目標的方向為何，同時努力達成目標。假如主管自己都無法認真朝目標前進，別妄想團隊成員能跟隨自己的腳步。假如你沒辦法朝目標方向前進、堅持到底，就該從主管的位置退下來。

以下有7個題目，身為主管的你自問自答看看：

- **「公司的宗旨為何？」**
- **「為什麼會訂定那樣的目標？」**

- **「公司的努力方向對社會有什麼樣的意義存在？」**
- **「這個業界將來會變成什麼樣呢？」**
- **「公司的努力方向對自己有著什麼樣的存在意義呢？」**
- **「自己在這個團隊所扮演的角色與責任為何？」**
- **「為了肩負起該責任，自己應該採取什麼樣的實際行為與行動呢？」**

藉由主管的觀點來思考，同時也試著培養部屬用「主管」的方向思考。記住，身為主管，底下有好幾雙眼睛在注意你的一舉一動！

不用帶人，部屬會自動成長的
關鍵1句話

★場景❶當新團隊開始運作時——

- [ ] 「對於團隊或團隊成員所做出的成果，主管是否能負起最終的責任？不管發生什麼事情，是否都會站在所有團隊成員這邊？」……………（P 38）

- [ ] 「為什麼你現在要做這份工作呢？」……………（P 40）

- [ ] 「想讓自己所服務的公司，在將來成為一間什麼樣的公司？」…………………（P 43）

- [ ] 「為了達到團隊目標，大家有沒有想到應該採取什麼行動呢？」….（P 49）

工作開始前，訂出明確目標

「一年內，業績要成長30％！」

09 主管老是「指派」任務，部屬只會做做樣子

為了達到業績目標，某些時候公司會進行「專案活動」，而這些「專案活動」就像「內部改革」及「開發新事業」，一定得達成某種特定目標。

◉新團隊，是學習與成長的機會

這樣的「專案」和平時的日常例行工作不一樣，可能會是新團隊來執行，聚集許多各方面不同專長的成員。因為這是一種不同於例行工作的全新工作團隊，**成員必須和平常幾乎很少或未曾溝通過的同事一起工作**，因此，這樣子的「執行計畫」可以讓每位成員學習到新的知識或技能，讓自己學到新東西，同時也是拓展眼界的好機會。

此時重點就來了！到底在計畫當中要如何將適當的工作指派給適當的人選呢？**為了幫助部屬獲得個人成長，主管必須提高部屬的工作意識，指派能夠讓他們展現能力的工作或角色給他們。**

◉主管要懂得「挑對人」，做對的事

公司內部舉辦的研習中，經常看到員工被指派參加根本不適合他的課程。例如，明明是一場培育次世代主管的講座，但卻是一群不適合擔任主管、無法領導團隊走向美好未來的成員來參加。

這些被指派來參加的員工，通常不了解研習目標到底是什麼，常有不少人表示：「我根本不想當什麼主管。」接著再詢問他們為何來參加研習時，得到的答案都是：「主管叫我來的」、「沒有人告訴我理由，也沒有人跟我說研習的目的是什麼。」

基於以上的理由，上述的參加者自然參加意願降低，研習課程也不會有顯著的效果。參加者都是百忙之中抽空來的，卻反而讓現場的氣氛低迷、毫無所獲。導致這種後果的原因，都出自於「指派」任務的主管。假如主管能夠體認到，研習可以幫助部屬成長，那麼**身為主管，應該更能選出適當的人才去上適當的課程。**

分配工作給部屬時也是一樣，假如有主事者或負責單位希望你為某個執行計畫指派適當的團隊成員及指派任務時，主管只要能夠掌握計畫的目標及主題，應該就能在顧及部屬成長的同時，指派適當的人選負責工作。

假如你是一個執行計畫的主管，為了能夠成功完成計畫，**必須讓每個人產生動機，同時也明確地將「責任感」傳達給團隊的每一個人。**接著，確認這項工作將帶給部屬什麼樣的成長，和當事人充分溝通後，再指派適當的任務。

10 時時反問部屬：「你的目標是什麼？」

每個會議、計畫，都必須有明確的目標。

我時常看到許多團隊常抓不到目標，只注重形式上的開會，最後只流於解散的命運，到最後工作團隊成員還是不知道目標為何。假如缺少了具體的目標，團隊就無法往前走，只是浪費大家的時間與精力罷了。

你身為執行計畫與團隊成員的主管，更應該清楚明白團隊的目標是什麼，同時更應該**找出「精準目標」，時時反問、提醒成員或部屬目標的方向在哪裡。**

◉ 設定目標的五大關鍵，要隨時提問、調整

「精準目標」可以統合團隊成員的工作意識，不但能夠提高計畫成功的可能性，更

可以長期地提升「設定目標能力」與「工作的能力」。那麼，所謂的「精準目標」指的是什麼呢？

為了明確訂出目標，我們取設定目標時的「五大關鍵」之第一個英文字，將其命名為「SMART方程式」。

●具體的——Specific

每個人都要知道，為了達成目標應該做哪些事。例如「應執行的內容與方法」、「必要的資訊情蒐與情報整合」、「限制與限制範圍」等，都應該具體化。

●可測定的——Measurable

為了審核目標是否已達成，應該定出什麼數據來判定？由此可以客觀地判斷目標達成的百分比為何。

●只要努力便能達成——Achievable

當目標愈困難時，愈不能好高騖遠。目標是否不切實際？不切實際的目標容易讓成員失去動機與動力，容易招致失敗。但是，為了維持成員的高度動機，適當的挑戰是必要的。

●和公司的目標之間有關聯——Relevant

計畫的目標或主題，能不能聯結公司原本的產品？讓所有的利益相關者（消費者、廠商、行政機關等）了解計畫的必要性，也是重要的成功條件。

●明確的完成期限——Time-bound

是否設定了明確的完成期限？是否設定了確定進度的次數和日期？只要事先設定，就能確實掌握計畫的進度。

●時常注意目標完成度，提高部屬的工作執行力

有了設定的目標，就能依序確認工作進度，也可以在確認進度時有一個具體而詳細的依據標準。同時，有明確的目標，就能提升「要達成」的工作動力。在平常開會或進行溝通時，要隨時提問，與部屬確認「執行進度」。

設定目標的SMART方程式

S……Specific 具體的

M……Measurable 可測定的

A……Achievable 只要努力便能達成

R……Relevant 和公司的產品有關聯

T……Time-bound 明確的完成期限

11 完成計畫的時間表，讓他自己說

執行方法對任何一個「計畫」來說是不可或缺的，可是，公司內部的執行方式往往十分籠統：「先做做看吧！」、「一邊做一邊思考吧！總之，先做做看就對了」這種情況十分常見。

◎「邊做邊想下一步」，計畫會一改再改

「姑且做做看」的執行方法，當然無法看見計畫本身的執行路程與目的地。結果，計畫就必須一改再改，如此一來就更別想在完成期限內完成了。為了快速到達遠方的目的地，絕對需要分段計畫。**讓團隊成員描繪出通往目的地的「成功路線圖」，可趁早隨時修正路線，也可以避免繞遠路。**

全程馬拉松比賽當中，每隔一定距離就會放置一個里程碑。假如目標只是「走完全程」的話，就幾乎不需要注意這些里程碑；但是假如把它視為一場「比賽」的話，這些里程碑將大大地影響參加者的表現。尤其如果有「～點～分時想抵達終點」的明確目標時，必須設定每一公里的行走速度，同時設定每5公里、或者每10公里的行走計畫。同時也必須擬定在何種時機點下應該做什麼樣補給的計畫。也就是說，「里程碑」的有無將大大左右比賽的結果。

◉自己畫「成功路線圖」，確實掌握進度

假如想提高部屬的「執行力」，就必須讓他們充分了解擬定執行方法計畫的重要性，同時讓他們自行描繪出抵達終點的路線圖，接著讓所有團隊成員共有這項資訊。針對長時間的執行計畫，我們通常會訂出一種名為「PHASE」的「計畫分段執行法」。

❶企劃分段執行法：**將概念明確化、決定確切的企劃內容。**

❷基本計畫分段執行法：**整體構造的明確化。**

❸詳細計畫分段執行法：**製作詳細的計畫表。**

❹ 調配、開發分段執行法：**以計畫表為主，實際執行內容。**

❺ 導入、運用分段執行法：**運用計畫成果。**

先分類出各階段當中有哪些應該執行的工作（應該執行的業務內容），再決定應該把哪些工作交給哪些成員。接著，事先擬定各個分段計畫的成果要求，接著再擬定分段計畫的完成期限。

◉ 提問，就是「預防問題發生」

你是主管，應該讓員工們自行思考如何走到目的地。藉由他們自己的企劃，讓成員都能開始學習自主與擬定計畫的能

執行時間長，就用「分段執行計劃表」

	期間	應該執行的工作內容	應交由誰負責	要求的成果
企劃分段執行法				
基本計畫分段執行法				
詳細計畫分段執行法				
調配、開發分段執行法				
導入、運用分段執行法				

力，同時也能讓他們共有相同的「目標」。也可以利用上述的**「分段執行計劃表」**，讓成員開始自己動起來。完成計畫不是主管一個人的工作而已。

此外，邁向下一個階段之前，可以先假想一些可能發生的問題，讓成員們藉由想像問題，一步一步地擬定出下一個階段的執行方法，**讓他們養成「事先想像問題發生」的能力。**甚至可以讓他們將預備要執行的計畫想像成一個故事、想像終點的樣子，以期能夠藉由全體的力量來共同步行到最終點，如此一來，部屬們就能從長期觀點及短期觀點來擬定計畫了！

12 「你做事缺乏效率，如何提升？」

不管是專案計畫或一般例行業務，假如你希望部屬能透過工作而獲得成長的話，請先確認他們必須擁有什麼樣的技能，而且專精的程度為何，接著再讓部屬自動自發地加強、進修。

◉想達到目標，應該加強哪方面？

例如進行健身的重量訓練時，與其漫無目的地鍛鍊，不如一邊做、一邊想像鍛鍊的部位，「想像該部位已經練到自己期望的樣子」比較有效。關於工作也是一樣，在做的同時，如果能夠清楚知道自己能夠從中學習的話，執行時會比漫無目的來得事半功倍。

在開始執行工作計畫前，**先告訴你的部屬們，在「何時之前」需要提升「什麼」技能，**

並且詢問：應該「如何」提升？

個人的工作崗位上，需要具備以下三大類型的基本技能：

❶特定工作內容的相關專業技術與知識。

❷有效率的工作術。

❸和職場有關的「待人接物技巧」。

一談到「技能」，大家很快就會聯想到「專業知識」，而「工作術」和「待人接物技巧」通常會成為第二候選的選項。可是，因為這三樣都是發揮專業能力的基本，所以缺一不可。尤其是**「待人接物技巧」，在未來要發揮領導能力時，「待人接物技巧」將成為領導人格形成的重要關鍵之一**。

◉欠缺哪一項？每個人要加強的順序不同

經理可以在說明這三大技能的必要性之後，以**「優點與缺點」**、**「對工作表現的影響程度」**、**「緊急度與重要度」**的觀點，針對每一種能力做優先排序，提示你的部屬，哪一種能力是他迫切需要增進的部分。這時你可以和該部屬一對一，或者召集團隊一起思考「怎麼做可以對團隊有所貢獻？」、「提高這些能力之後，可以成就哪些事呢？」、「這些能力都提升了之後，想成為什麼樣的人物？」等問題。

●部屬得自己找到問題，找出實際改善做法

當部屬找到必須提升的技能之後，接著再讓他思考「什麼時間點之前，一定要增進自己的技能」，「期限」訂出來之後，便可以開始按部就班的計劃提升的方式。

在此同時，請讓部屬再思考：「怎麼提升自己的能力」，同時也請你一起思考，身為主管的你可以怎樣協助部屬，或者也可以直接詢問他，需要什麼樣的協助？其餘的部分就可以透過平常的溝通，在必要的時候給予適當的協助就可以了。

13 主管的期待，要明確的說出來

業務目標容易以定量的衡量標準來表示，但「團隊內的角色界定」工作，通常都在尚處於曖昧不明時，團隊就開始運作了，也因此屢屢發生問題。尤其是當一個新的計畫開始啟動時，因為角色分配不明確，導致團隊內的每位成員不知道如何展開行動，甚至有團隊會因此開始出現混亂狀況。此時的處理關鍵是，**讓每位成員都能各自了解自己要扮演的角色。**

◎主管要完全掌握部屬的「強項」，識才所用

那麼，團隊裡究竟有哪些角色呢？

例如足球比賽當中，必須有能夠冷靜觀察整個團隊狀況或比賽節奏，並且準確傳出

好球給隊員的「後衛」，也必須有能夠自己找到出腳機會，在隊友妙傳時能夠立刻瞬間反應，成功將球一踢入網的「前鋒」。

同於足球比賽，必須有人發揮領導能力，帶領整個團隊，其它必須有輔佐主管、做成員間的溝通橋樑、炒熱團隊氣氛、取得新的情報、負責和外部交涉等等，想成就一個團隊，必須由許多人擔任不同角色。

決定團隊內每個人的角色時，首先**必須讓成員們知道，如何將自己的強項發揮於團隊當中**，這一點讓團隊成員自己思考。然後，再請成員們分別與大家共享自己的技能，同時也適時做角色調整。這麼一來，不但可以讓團隊成員重新認識自己的能力強項，甚至可以讓團隊的能力發揮到極至。

期待，是產生積極心的關鍵

當角色決定之後，就可以明確地對每一種角色傳達團隊對他們的期待。學生因老師的期待而提升成績的現象，在教育心理學當中稱為「畢馬龍效應」，由此可知「期待」

將成為人類積極行動的原動力。傳達你的「期待值」時，直接告訴部屬就可以了。

「**我希望你讓我們看到你自動自發的努力樣貌，希望可以藉此激發周遭人的動力。**」

「**為了可以創造更多的新火花，希望你可以開始蒐集新情報。**」

「**希望你能夠拋開固有的先入為主觀念或前例，想出全新的創意。**」

「**希望你可以擔任團隊與其它部門和外部之間的橋樑。**」

「**希望你可以營造一個讓團隊成員互相溝通的園地。**」

當團隊成員對自己的角色期待值有具體的認識之後，也將開始感受到該角色的真正意義。

14 分析對手的「成功模式」，讓他開開眼界

有很多人可能都曾被這麼提醒過：「請拓展自己的視野」，但事實上**就商場來說，如果要拓展自己的視野的話，活用「成功模式」才是最有效的。**

◉活用成功模式，減少失誤和偏差

前面談過的「設定目標的SMART方程式」或「分段執行計劃表」等都是一種「成功模式」，因為這些都是累積了先人們的經驗，將成功模式形式化得來。只要**妥善活用「成功模式」，關於想法、創意、做法等等，就不會有「遺漏」或「重複」的情形。**同時，如果「成功模式」能夠成為團隊的共通語言，就可以將變調的工作表現或錯誤的情報降到最低，工作效率也會提升。

採用「成功模式」，可以拓展團隊成員的視野，除了讓他們記住前人們的成功經驗外，同時也必須請他們積極活用於職場。在平常開會確認現況，及決定戰略時，也可以利用適當的「成功模式」來增加分析的精準度。解決問題及達成任務時如果能夠運用「成功模式」的話，可以拓展實際的成功視野。

◉同時分析「潛客戶」、「對手」和「自己」

現在分析各企業現狀的「成功模式」非「3C」莫屬，所謂的「3C」指的是**「市場潛在客戶（customer）」**、**「競爭對手（competitor）」**、**「自家公司（company）」**等三個字的第一個英文字之縮寫。這是一個從「市場潛在客戶」與「競爭對手」的外部環境分析中尋找成功要件，並且活用於「自家公司」的「成功框架模式」分析方式。

●市場潛在客戶：確實掌握並分析

確實掌握有可能購買自家公司產品或服務的潛在客戶，具體來說，可以從市場規模、成長可能性、市場的需求等做分析。

3C分析表單，讓團隊成員共享「成功模式」

	正面優勢	負面原因
市場潛在客戶		
競爭對手		
自家公司		

●競爭對手：了解對方的戰略、客群、新品特色

充分掌握競爭狀況和競爭對手。具體來說，可以分析競爭對手在業界的受歡迎程度、競爭對手的戰略、顧客群、產品及新產品的市場滲透性等等。

●自家公司：定期掌握自家的資源與活動

定期且定量的掌握自家公司的經營資源與企業活動，具體來說，可以分析自家公司的經營體質、技術力、商品力、財務力、市場行銷力、人才等。

實際活用這個分析方式時，將其分成對自家公司來說為「正面原因」或「負面原因」兩種。因為「市場潛在客戶」與「競爭

對手」相當於企業的外部環境，所以「正面」為「機會」，「負面」為「威脅」。因為「自家公司」相當於內部環境，所以「正面」為「強」，「負面」為「弱」。請各位多利用上述的「3C分析表單」詳細地分析現狀。

以上是企業環境分析的一個例子，只要能夠因應不同目標，活用這個「成功模式」的話，就可以找到「做決定」的要因，可加強計畫的完整度或提高例行公事的執行度，不但能促進團隊的成長，同時也可以拓展每個成員的視野。

15 提問愈多，決策愈精準

當團隊遇到問題需要解決時，必須讓「決策過程」明確化，**藉由團隊共同享有明確的解決步驟，進而有效率地做出正確的決定。**為了提升團隊成員與團隊的判斷力，平常的例行會議中就必須讓決策過程透明化，如此一來，每個團隊成員才能有條理地思考。

◉提出的問題愈多，得到好答案的機率愈高

解決問題或做決策的過程中，有一個最重要的關係就是「發散（創造）」和「收回（統合）」。「發散」指的是從多方面的觀點與自由發想開始，創造出不同的意見或創意。「收回」指的是將「發散」過程獲得的情報或創意做回收並統整後，找出最適當的答案。「發散」與「收回」合體之後可先「發現問題」，接著可以「找出最佳解決對

策」，可說是解決問題時的最佳決策模式。

決策的過程，可分為以下6大步驟來做詳細說明：

●步驟❶確認目標、目的

明確訂出組織（團隊）的目標，同時確實傳達給團隊成員。假如目標不明確的話，行動到最後只是在解決問題而已。團隊活動前，請務必確定目標。

●步驟❷找出問題點，蒐集情報

蒐集龐大的情報，將所有造成通往目標路上的阻礙全部找出來。依問題點不同，要充分掌握問題點的影響範圍及對象。↓「創造」

●步驟❸分析問題，找出原因

從各種不同角度分析所蒐集到的情報，並且鎖定一個阻礙通往目標之路的原因，接著找出解決問題的方法。↓「統合」

●步驟❹列舉解決方法

發揮創意，找出解決問題的方法，讓團員自由發表意見。↓「創造」

●步驟❺對創意的評價

明白訂出評價標準之後，整合與評斷創意的內容，同時選出幾個解決方法。↓「統合」。

●步驟❻選定解決方法，做出決策

了解目標、現狀之後，從解決方法的候選當中選出最適當的，最後再實際執行。

假如主管能夠率先將這幾個解決問題步驟用應於團隊中的話，這個方法也能幫助解決個人問題。同時，也因為大家實際運用這個做法，進而提升了團隊的自我成長力。

不用帶人，部屬會自動成長的

關鍵1句話

★場景❷當工作開始前

□ 「你的目標明確嗎？
你的目標精準嗎？」……（P 60）

□ 「這次的執行方法，你們來規劃。」……（P 63）

□ 先告訴你的部屬們，在「何時之前」，
需要提升「什麼」技能？應該「如何」提升？
……（P 67）

□ 「為了讓計劃順利進行，
你能扮演好〇〇的角色嗎？」……（P 70）

□ 「發生任何問題的話，
讓團隊一起共同解決問題吧！」……（P 77）

分配工作時，主管要「選對人」

「這次的專案，你可以負責A項目嗎？」

16 「這個案子，讓你負責好嗎？」分派工作要用問句

懂得放權限給部屬的主管，事實上並不多。來參加研習課程的T先生，剛升上主管，他基於以下的原因，無法安心把工作分派出去。

◉不信任部屬，乾脆自己做比較快？

「自己的工作也十分忙碌，根本沒有心力管理與妥善交待工作。」

「與其把工作交給別人，不如自己做比較快。這樣子反而可以節省時間。」

「因為工作很有趣，有時候都做到忘我。」

「因為還不太確認部屬是否有能力接任，因此暫時還不想冒風險。」

以上的心理因素，讓主管很難將工作下放給部屬。此外，另一位M先生，他煩惱的原因就有點不同了：

部屬幫忙分擔工作，顯得自己很無能？

「假如工作離開自己的控制後，好像會變得無法控制。」

「假如部屬的工作能力勝過自己的話，那身為主管的我還真丟臉。」

「把工作交給部屬的話，自己的權限和威嚴不就蕩然無存了？」

「假如部屬拒絕接受自己交付的工作，我該如何反應呢？」

交付工作、下放權力，**其實是把「增加工作經驗」的機會給部屬，藉此訓練團隊或團隊成員執行計畫與工作的能力。**當部屬能夠成功完成這些工作時，自然就會找到工作動機。同時，這也是一個提升部屬專業知識及技能的最佳訓練課程。

不指揮的主管，人氣高

了解到將工作交付給部屬後將獲得哪些好處，身為主管的你就應該更懂得適時下放你的工作。以下舉出幾個最顯而易見的好處：

- 可以讓他們學會處理重要工作。
- 豐富部屬的知識與經驗，完成更多工作。
- 培養部屬自主意識，幫助他們提升競爭力。
- 給部屬更多的工作動力，甚至可提升對工作的滿意度。

這只是其中一些例子，請切記，**把工作分給部屬，雙方皆共同獲益**，通常部屬對於主管下放工作，都會以善意回應。根據某調查指出，和頻繁下放權力的主管比較起來，較不擅長下放權利的主管，在部屬之間的評價是相對較低的。

17 「他適合什麼樣的工作？」主管要自問的一句話

為了讓部屬累積更優質的工作經驗，從「加強工作動機」與「期待部屬成長」的觀點來看，下放權力很重要。因此，必須確實地計劃將「什麼工作（What）」交給「誰（Who）」。首先我們先來想想，有什麼樣的工作適合分配給部屬？

◉有明確做法的工作，執行成效高

以下幾種工作內容為將工作交付給部屬執行後，其執行成效較高的項目：

- **和部屬已經持續在進行的工作有密切關係的工作內容。**
- **作業程序與最終的結果皆很明確的作業。**

・適合套用框架式成功模式的反覆工作。

・能夠讓員工激發自己潛能的工作。

另一方面，有些工作是必須由主管直接負責的，這種類型的工作，就不適合交付給部屬執行，請特別留意。

●牽涉到人事或尚不明確的工作，不適合分派出去

・較機密的工作（薪水的調整、薪水的給付標準等等）

・工作內容不明確的工作，或者尚不確定的工作。

・經營團隊認為應該直接由主管執行的重要工作。

・因為工作人員不足，將工作委任給部屬後可能帶給他極大壓力的工作。

確認以上要件之後，第一步先決定可以委任哪些工作，接著再訂定實際的完成期限。然後再抓出預算及判斷可能使用到的資源有哪些。設定具體且可預測的目標之後，再決定委任的對象——以上應該是分配工作的最佳流程。

◉選擇標準：能力、專業、溝通力

為了選出取適當的人才，必須選出能力與專業知識皆符合工作內容與期待的人才，接著再依循以下要求決定最適當的人選：

「完成工作時需要什麼樣的能力？」

「具備這些能力的部屬是誰？」

「假如只提供最基本的說明與執行方向的話，最可能勝任工作的是誰？」

「在委任工作時，必須詳細傳達執行方向的部屬是誰？」

「將這份工份分配給誰，對他的成長有最大的幫助？」

提供成長的機會，也是身為經理、管理者的責任！

18 「你知道，為什麼選你做這件事嗎？」

當領導者把工作分配給部屬時，除了看部屬的能力之外，同時也必須確認一個關鍵要素，**那就是該部屬是否能全力以赴地完成工作。**工作過於簡單或者交付困難度遠超過部屬能力的工作，將無法得到預期的成長效果，反而還會打擊部屬的信心。此外，當一個人接了自己討厭的工作後，一定會想早點輕鬆地結束該工作，如此一來主管也無法期待部屬從工作中獲得成長。

◉自信、動機、份量，三方面尋找合適人選

交付工作之前，可以透過以下的三個觀點尋找適合接下該工作的部屬：

・觀點❶誰看起來最有接下新工作的魄力

「所有適合接下這個工作的成員裡面，哪個人看起來是最有自信的？」

「雖然能力可以勝任，但似乎缺乏準備和自信的人？」

「對他來說，會是一個成長的機會嗎？」

・觀點❷ 能提升工作動機嗎？

「有足夠的工作動機嗎？」

「接到這項工作後，他的工作動機會上升嗎？」

・觀點❸ 工作份量的多寡平衡嗎？

「委託的工作量和現在部屬所負責的工作量之間，能取得平衡嗎？」

「假如該部屬很忙的話，是否能夠重新分配不同工作之間的執行優先順序？」

假如你已經選定了某位特定的部屬，請直接與和他會談，針對工作內容及目標做一次說明。這時候，就看你是否能提供部屬充分的工作動機了。

◉明示他，完成這工作能獲得的「好處」（不一定是金錢）

首先，說明分配工作給他的目的，最好具體地告訴對方為什麼你會選上他。「**我期**

待能看到什麼樣的成果」、「我認為你可以達到公司的期望，理由是……」等等，經由傳達這些事情，刺激部屬的工作動機與衝勁。

同時也要將執行該工作時能獲得的好處，也一起告訴他。除了金錢上的實質好處之外，例如工作本身帶來的愉悅、能讓大家聚焦於自己的優秀能力等，這些都是工作將帶來的好處。對於個人評價及個人工作生涯的影響也可以告訴對方，這是一個極為有效的鼓舞方法。

分配工作時，為了能夠讓部屬快速地找到動機，可以先了解公司每位員工比較喜歡的工作內容為何，因此平常就必須積極與部屬溝通。

19 善用6種情境提問，提高達成機率

分配工作給部屬時，主管必須給予正確且充足的情報，同時必須確認部屬是否能百分百吸收，這就是所謂的「發包工程」做法。在這樣子的關係當中，身為主管除了對分配的工作結果負責之外，對於部屬的成長也必須負起責任。

◉在嘗試中出錯，更要「認同和肯定」

話雖這麼說，但也不是叫每位主管事必躬親，只要將目的及目標告訴部屬，告訴他「可以這樣執行，就交給你全權負責了」，接著便讓部屬自己嘗試在許多錯誤中找到達成目標的方法。正確地為工作成果下定義，怎麼做，由他自己負責，部屬自然會找出一條「最近且最舒服的成功捷徑」。

主管必須認同團隊成員的工作方式與過程，**即使出錯了也要表示認同、接受及尊重**，如此才能讓每位部屬發揮最大的才能。也正因為如此，雖然上司必須對最終成果負責，但就長遠目標來說，可以大大提高部屬的責任感。

◉ 6W原則，提供充分資料

為了提高成功的機率，請提供充分的必要資料。只要依照接下來介紹的「6W原則」整理資料後，再從中做選擇最適合的提供給部屬即可：

❶ 做什麼（WHAT）？

「應該執行的工作內容是？」、「希望獲得什麼樣的成果？」、「可預見的困難點為何？」

❷ 把工作交給誰（WHO）？

「誰可以針對那件工作給予建議？」、「應該和誰一起完成？」

❸ 為什麼（WHY）？

「工作的目的是什麼？」、「假如工作不順利的話該怎麼辦？」

❹**怎麼做**（IN WHAT WAY）？

「希望以什麼方法或順序來執行？」、「有什麼樣的限制條件嗎？」、「必須通知哪一個部門呢？」、「大約有多少預算與經費可運用？」

❺**用什麼樣的方法**（WITH WHAT）？

「應該採取什麼樣的方法？」、「必要的器材為何？」、「需要什麼樣的資料？」

❻**什麼時候**（WHEN）？

「什麼時候必須開始執行呢？」、「到什麼時候之前一定要完成？」、「何時做中間成果驗收？該問些什麼內容？」、「希望部屬何時向自己報告工作進度？」

20「有人可以協助你嗎？」暗示他，團隊很重要

有一位任職於醫療機器製造商的K先生，他在營業所內的業績常為前幾名，顧客對他的評價也很高，是個不容忽視的有為部屬。

◉為單打獨鬥的部屬，製造「和其他人合作」的環境

可是，K先生的主管S所長察覺到，K先生似乎欠缺與其它同事之間的工作協調能力。當營業所其它的同事遇到困難時，K先生從來沒伸過援手，當自己遇到困難時，K先生也未曾試圖詢問其它人的意見，更別說要請其它同事幫忙了。他是個名副其實的我行我素、單打獨鬥型的部屬。

「如果他能夠多一點團隊合作的精神，我就可以推薦他升任為公司的主管職了。」

S所長有了這樣子的想法。

有一次，S所長為了讓K先生成長得更快，便把一件無法靠單人力量完成的工作交給了K先生。S所長期待K先生能夠藉由尋求他人的協助，經由團隊合作的運作完成這項工作。

然而，K先生會錯意了！**他以為S所長是為了考驗他自己獨力工作的能力所以把這件工作交給他，於是他拚命地想靠獨自完成這項工作**，反而比平常更封閉自己了。

一切如同預期般，K先生陷入了困境當中，但因為他的自尊心作祟，所以他無法和任何人討論，導致他最後不得不來找S所長協助時，事情已經到了無法挽救的地步。

結果，無論是醫生或是相關部門，甚至連公司內部對K先生的評價都一落千丈，S所長也因為督導不周而被降級了。

◉「借他人之力」完成工作，是最聰明的方法

為了達成目標借助別人的力量，將周圍的人一起帶入工作之中，這也是身為團隊成

員所應具備的能力。假如一個人懂得透過團隊合作完成工作的話，將能夠獲得出乎預期之外的效果，甚至可能獲得空前的成長。

●懂得「求救」的人，才有成長空間

主管應該努力促進團隊內所有成員的團隊合作意識，有困難時能夠由自己提出協助，進而能夠積極地協助他人。觀察一個團隊或成員的成長時，**只要觀察成員面對困難時，是否能夠懂得向人發出求救訊號**，是否知道如何從別的團隊成員身上獲得有效的協助，就能夠知道該團隊或該成員是否已成長了。讓部屬們常把「團隊合作」的重要性放在心裡，同時，讓他們了解團隊表現的重要性！

21 「最近還好嗎？」「要我幫忙嗎？」關切進度的問法

分配工作給部屬時，基本上應該依照部屬的能力分派適合的工作給他，為了避免把不適任的工作分給部屬，我們必須透過適當的溝通，隨時掌握當下的工作進行狀況，這時候最重要的關鍵就是「報告、聯絡、討論」，這是一個關乎團隊是否能夠順利運作的重要溝通過程，也是工作的基本原則，然而大家卻很難實際做到。

◉想放心做事，記得保持「雙向溝通」

事實上，有許多人雖然擁有優秀的工作能力，但卻常不把「報告、聯絡、討論」這三個原則放在心上。為了能夠讓主管更安心將工作交付給部屬，同時在必要的時候能夠適時伸出援手協助部屬，必須讓部屬體認到「溝通」的意義與重要性。但是要記住，過多的溝通反而會降低部屬的工作效率。

●報告，事先定下在工作過程中回報的時間點

交付工作的時候，請事先決定請部屬報告工作內容的時機點。在事先決定的報告時間點以外，如果發生麻煩或錯誤的話，也請部屬必須及早提出報告。同時也必須讓他們知道「事實」（＝事實上發生的事情或執行的事情）與「解釋」（＝面對事實時自己想到的理由）之間的不同。

●聯絡，跟自己的團隊成員分享工作的情報

讓部屬懂得隨時與團隊保持聯絡，事前通知工作計劃與預定計劃，可透過電子郵件或有條理的筆記。這時必須檢視部屬在傳達時是否確實做到5W1H（何時・哪裡・誰・為什麼・如何做・怎麼做）的要素。為了讓團隊的其它成員也能知道自己的動向，同時也可以從團隊成員中獲得必要的情報。

●討論，從不同角度聽取解決方法

當然，當事人必須先在自己的腦中思考，但如果能夠同時借助大家的頭腦一起思考

的話，可以做出更好的決定。同時可藉由將思考內容化為語言的過程，讓方向變得更清楚，所以請鼓勵大家多在團隊內做討論。鼓勵大家遇到難處時先學會找人討論，教他們如何從別的成員身上挖到更多寶貴的解決方法。

◉營造出「不怕麻煩別人」的團體氣氛

最後主管要記住，**你必須創造讓部屬們容易溝通的環境。讓他們養成習慣，遇到同事時，能隨時讓彼此知道，「就算我看起來好像很忙，但如果有困難的話請不要客氣，盡管說」**。鼓勵團隊成員們互相見面時也都能以**「最近還好嗎？」**、**「有沒有什麼新的進展？」**等問句來當作開場白。

不用帶人，部屬會自動成長的
關鍵1句話

★場景❸分配工作時——

□「因為〇〇的理由，
所以我覺得可以把這個工作交給你。」………（P 88）

□「透過執行這項工作，
一定能夠提高你的〇〇能力。」………………………（P 87）

□「這件工作已經交給你了，
實際上要如何執行呢？」………………………………（P 91）

□「『什麼時候』、『怎麼做』，
只要你需要的情報，都會盡量提供！」………（P 94）

□「雖然我看起來很忙，但需要協助時，
請不用客氣喔！」…………………………………………（P 97）

例行工作時，小事也要馬上「讚美」

「每次交報告，都很準時！真是太可靠了！」

22 「你小時候的夢想是什麼？」閒話家常可以瞭解一個人

公司內部的人際關係是讓新人成長的養份，只要關係良好，人就能夠獲得充足的人脈和經驗。相反地，假如關係不好的話，人便會失去成長時所需要的能量。

◉主管要懂得適時「閒聊」，聊太長也不妥當

為了拉近與部屬之間的關係，「打招呼」與「閒聊問候」是必要的。「打招呼」是保持彼此關係的基本動作，「閒聊問候」則是維持良好關係的潤滑劑。尤其最近的年輕人，很多人都不知道如何與年長者相處，拋開「晚輩要先開口打招呼」的成見，請從主管自身開始做起。

盡量每天撥3分鐘和部屬們聊一聊，光坐著空等，部屬可能會害怕接近你！請積極地走到他們的座位旁邊，以「走動式溝通模式（對話）」來拉近彼此間的距離。不過，如果聊得太長了，部屬會認為你太長舌，產生覺得「主管太閒」的感受；或者在部屬正忙碌時，刻意的聊天反而造成困擾等等，這些都需要特別注意。等彼此比較有話題之後，也可以試著問部屬以下的問題：

「小時候的夢想是？」

「曾經全心投入過什麼事呢？」

「為什麼對那件事特別感興趣呢？」

「工作的成功與失敗的經驗是？」

「做什麼事的時候是最快樂的呢？」

◉和部屬聊「自己的事」，建立信任感

因為你的這些問題，會讓部屬愈來愈覺得「自己受到重視」。主管不要光只是提問，請也適時地聊聊自己的事，**「敞開心胸」，也是向對方釋出善意的一種表現。**

雖然有些人認為應該將職場上與私人關係分清楚，但我卻不這麼認為。**所謂的「信任」必須建立在「親密感」上**，為了提高「親密感」，必須將自己的情緒與對方分享，如此一來，兩人之間的信任才能漸漸建立起來。你會打從心裡信任一個完全一無所知的人嗎？透過打招呼或閒聊的問候，就能一點一滴建立彼此間的信任關係。

23 「你幫忙做這件事，我真的很高興」，主管更要說謝謝

很多父母在教小孩時，常會先教「謝謝」與「對不起」，因為這兩句話是做人處事的基本。**「謝謝」，表示一種感謝的心情**，也是人類來到這個世上後為了生存而必須具備的基本禮儀。**感謝的心情如果不透過語言來表達，無法讓對方感受到。**

◎主管也要會說「謝謝」，無論大小事

既然公司是一個團隊，部屬服從主管的指示是理所當然的，但當主管分派工作給部屬時，**絕對不能認為「因為這是工作，所以你幫我做是理所當然的」**。當部屬幫自己影印時，記得說「謝謝」；幫自己轉接電話時，也要說「謝謝」；當部屬在期限內交出報

告書時，還是要說「謝謝」；當部屬在會議上提出意見時，要說「謝謝」……，哪怕只是幫自己做了一點小事，也要記得說「謝謝」。這麼一來，**部屬會感覺自己凡事皆受肯定，漸漸地也會變得積極，希望自己能夠持續不斷成長。**

因此，身為主管的你，應該開始率先將「謝謝」掛在嘴邊。不過感謝是有層次的，**當部屬做完了例行公事，和完成一件對團隊有大貢獻的事情時，兩種「感謝」是不同的**，必須以不同的語氣及態度來表達。

把「感謝」變成公司文化，大大提昇工作氣氛

當然，也要製造讓團隊成員們互相傳達感謝之意的機會，接下來舉一個能夠在開會時短時間應用的「表達感謝」例子：

❶將寫著所有團員名字的紙張紙貼在牆壁上。

❷各自在便條紙上寫上對其它成員的感謝之意，並將便條紙貼在牆壁的紙上。

如：「感謝A一直幫我」、「前陣子B幫我處理這項工作，我真的很高興」……等等，一定要請大家落實這個表達感謝的活動。

剛開始收到大家對自己的感謝，可能會覺得不好意思，但只要能夠定期舉行這樣的活動，讓大家習慣從平常開始就懂得「感謝」別人，自然在例行工作中就會想找出「值得感謝」之事，同時也期待獲得別人的「感謝」。

請將「感謝」變成一種團隊文化，**只要團隊裡的「感謝」之聲增加了，成員們就會更想幫彼此做些什麼。接著，「希望帶給別人快樂」的心情也會感染到顧客身上，對公司的業績提升也會有幫助。**

24 「這也是另一種不同的想法耶！」用這句話代替否定句

有些人總喜歡在別人提出意見時，就會先以「不，不是這樣的……」的負面話語做開頭。當自己提出某個意見時，假如一開始就被否決的話，我想沒有人會因此而感到開心，即使說者無心，但聽者有意，接下來被否決的一方也不會再想繼續與對方談話了。

◉不用「否定詞」，也能表達自己意見

就算你真的不贊同對方的話，請先學會「接受」別人的意見：「原來如此！」、「這樣子啊」、「原來你的感覺是這樣子啊！」、「這也是另一種不同的想法耶！」。請先準備幾句面對別人發表意見時，可用的「肯定詞接話清單」。

另一方面，當別人有求於自己時，有些人習慣會以驚訝的態度勉強地接受別人的請求，這也是一件很可惜的事。假如別人所求之事真的對自己來說十分勉強的話，那麼就請清楚告訴對方原因，直接地拒絕對方就好了。但假如你答應了，就必須要幫助對方，那何必在一開始時就露出不甘願的表情呢？

◉把危機變轉機，主管要帶頭「正面思考」

積極的人才必須在積極、正向的環境下培養、成長，這裡所說的「積極、正向」，指的是「不抱怨」。因為不滿與抱怨將助長推卸責任與消極態度滋生，讓心裡的負面感情愈發愈多。負面思考將招來負面的能量，所以請主管先以身作則，別將「不滿情緒」隨意脫口而出。

●不是「船到橋頭自然直」，而是「一定可以找到解決方法」

不管發生什麼樣的困難，主管都必須以積極、正向的態度來面對。這裡指的「積極、正向」指的不是毫無根據、凡事認為「船到橋頭自然直」的天真想法；也不是凡事都以「算了」二個字結案，遇到困難就立刻妥協。而是一種能夠將困擾變成轉機，突破當前狀況，讓事情往正向目標前進的想法。

●「那正好，因為……」聽到壞消息，就用這句接話

為了讓整個團隊都能有積極、正向的想法，可以試試一個名為「轉換積極態度」的角色扮演遊戲。請大家要以「那正好。因為……」這句話來做反應，二人一組，一人為主管，另一人為部屬。

假設工作中發生了某件麻煩事，扮演部屬角色的人向扮演主管的人報告：「前幾天交貨的商品中有些品質不好，〇〇公司的A部長十分生氣……」相對於這件事，扮演主管的人必須先學會接受這個突發狀況，說出正面思考的話：「那正好！我正在想怎麼做能夠和A部長多接觸、溝通，這次剛好是讓他看到我們誠意的時候了！」。

正向思考的模式並不是一日就能培養的，必須透過平常的訓練，讓自己習慣之後，才能習慣於正向思考。

25 部屬個性不同，你該怎麼安排工作？

公司裡的同事們個性不同，能不能讓大家充分發揮、激發個人特質潛能，就看主管的功力了。

如同前面所說，了解對方的興趣與私底下的生活，是提高彼此親密度時的重要關鍵。「行為特性」會表現在工作的執行方式與溝通模式上，如果能夠預測這個人的行為曲線，就能夠在事前做好預防與處理。

要區分不同的行為特性，有許多模式和方法，我要向各位介紹的，是由兩個主軸交錯而成的分類法。一個主軸為「任務取向型」與「人情取向型」，另一個則是「發送訊號取向型」及「接收訊號取向型」。

行為特性大分析，你的部屬是哪一種類型？

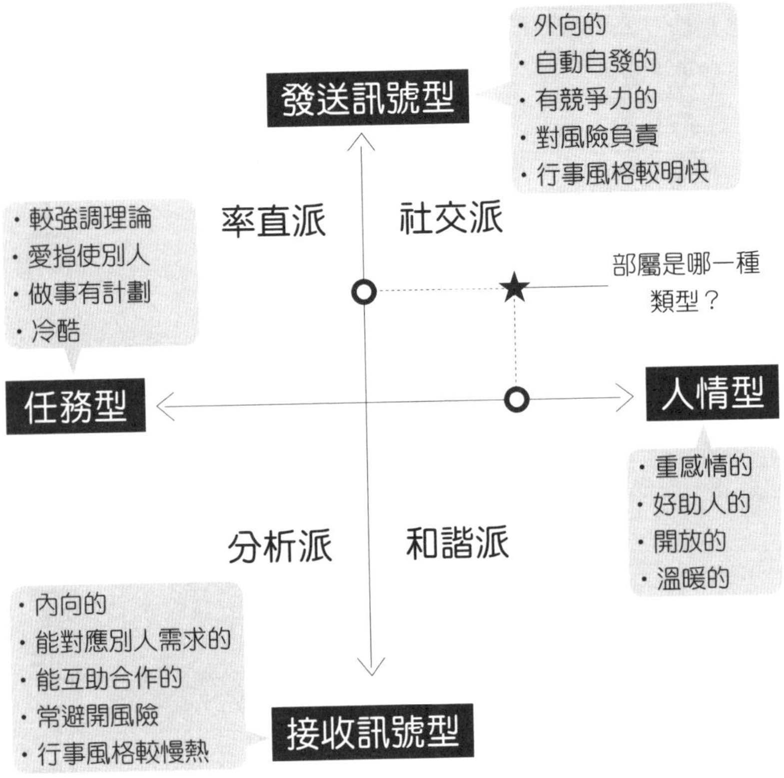

◉「任務型」有計畫，「人情型」善助人

「任務型」的人較注重工作本身與工作結果、事情本質的類型。容易給人「較死板」、「愛指使別人」、「有計劃」、「冷酷」的感覺。另一方面，「人情取向型」的人較在乎周圍人的心情與感覺。比較給人「重感情」、「好助人」、「開放」、「溫暖」的感覺。

例如有個部屬開會遲到了，如果是一個「任務取向型」的主管，他只會把焦點放在事實與他看到的狀況，接著他會跟遲到的部屬說：「你知道你遲到幾分鐘了嗎？這個月你已經遲到第3次了喔！我要說幾次你才會懂呢？你這樣子浪費很多時間成本耶！」。

另一方面，「人情取向型」的主管會說：「讓大家等這麼久，你有什麼感覺？」、「快遲到的時候，你當時心裡是怎麼想的？」他會用心理、感受的層面讓遲到者反省。

◉「直接主動」的員工勇於挑戰；「內向」者懂得避險

所謂的「發送訊號取向型」，指的是與旁人溝通時，**喜好採取主動且直接的方式。**

這種類型的人通常給人「外向」、「自動自發」、「有競爭力」、「勇於挑戰」、「行事風格較明快」的印象。

另一方面，「接收訊號取向型」與旁人溝通時，**通常採取被動且間接的方式。**通常給人「內向」、「配合度高」、「樂於合作」、「保守」、「較慢熱」的印象。

◉善用優點、協助他改善缺點

如同112頁的部屬行為分析圖所示，當兩條軸交錯時，總共能得出4個不同象限。你和部屬分別屬於哪個象限呢？我們來詳細地分析看看：

❶「發送訊號型」＋「任務型」＝「率直派」

不怕對立關係，能夠坦白地說出意見，比起周遭人的心情，比較重視工作是否已達成。同時，重視工作結果，常急於想知道結果。

❷「發送訊號型」＋「人情型」＝「社交派」

在乎周遭人的心情，是個擅於交際的社交高手。為了達到目標，非常擅於「說服」

他人。

❸「接收訊號型」＋「人情型」＝「和諧派」

想與周圍的人表示友好關係，希望大家都喜歡他，十分注重別人的意見，很在乎自己在工作上是不是與人相處、合作愉快。

❹「接收訊號型」＋「任務型」＝「分析派」

十分在乎細節，追求正確的答案。擅於做理論性的分析，希望在穩定的環境下，提升自己的工作品質。

這裡有一個很重要的觀念是，不需急著把一個人套用在某一種類型，之後就對他存有某種既定偏見。重點是**必須試著分析那個人的價值基準，同時將焦點放在他較擅長的地方，思考如何讓他適應改變的環境。**

下一頁的表針對每一種不同類型，列出每一種類型的「優點」、「缺點」、「喜好」、「恐懼」。你可以回想一下自己的部屬，試著分析他們屬於哪一種類型，同時也請參考與各類型的相處建議。

★4種人格類型的特色，各有利弊

	優點	缺點	喜好	恐懼
率直派	・意志堅強 ・自主、自律 ・決斷力十足、有勇氣	・較冷酷 ・過度自信，有點獨裁 ・衝動，有點急躁	・挑戰、變化、競爭 ・做選擇 ・達成目標	・被利用 ・失去控制 ・無法成為焦點
社交派	・外向且具說服力 ・溫暖且親切 ・有創意，表現力豐富	・缺乏自制心 ・自我為中心 ・衝動且容易杞人憂天	・快樂的活動 ・獲得別人認同 ・避開繁瑣的工作	・被拒絕 ・失去自由 ・失去信任
和諧派	・容易親近 ・耐力十足 ・協調性十足	・保守、過度自我防衛 ・優柔寡斷、想太多 ・目標意識較薄弱	・維持現狀、安穩 ・有時間因應變化 ・與他人協調	・不穩定 ・與他人衝突 ・急速的變化
分析派	・完美主義者，良心人士 ・忠誠度極高 ・擅長理論性分析	・容易鑽牛角尖 ・過度慎重 ・無法通融、態度硬	・執行計劃的時間 ・高品質的工作 ・別人的援手	・別人的批評 ・急速的變化 ・風險

★這4種部屬，主管該怎麼安排工作？

成員	最好不要做的事	你可以這麼做！	
	・漫無目的地說話 ・過度油條的行為 ・老生常談	・具體、明確地說 ・把焦點放在工作上 ・設定符合他們需求的高度要求目標 ・決定優先工作程序及期限 ・嚴守時間	率直派
	・堅持細節 ・滔滔不絕 ・孤立他	・創造友善的環境 ・常讚美及感謝他 ・經常傾聽意見、情緒或創意 ・傳達別人的需求，給予清楚且明確的目標	社交派
	・和他對立 ・過度要求 ・過度給予壓力	・將焦點放在工作 ・說明具體且實際的事實或證據 ・有耐心地等他們做決定 ・嚴守時間	和諧派
	・回答籠統 ・無法說明詳細內容 ・裝熟	・有耐心的激發出他們的目標 ・明確告訴他們在整體計劃中扮演的角色及工作內容 ・表現出對他們個人特質感興趣	分析派

請參考右頁的4種人格類型區分法，在這一欄寫下該類型的部屬。

26 「這樣做，對嗎？」少用帶有否定意味的問句

為了讓部屬充分發揮每個人的特色，主管必須先認可他們不同的特質。前一節提到的「行為特性」也是其中一個，如果不能獲得認同，無法得到別人信任的話，部屬將無法自我成長。面對多樣化的個性特質，你必須先拋開「喜歡／不喜歡」、「正確／不正確」的觀點。

◉自己的價值觀放一邊，客觀給部屬評價

人在面對與自己「不同」的價值觀或意見時，容易第一時間認為「對方錯了」。主管不可以用自己的價值觀或成功體驗為根本，將部屬套用在某一種「類型」的人身上。

同時也嚴禁當下立刻否定、甚至語出責備，因為提出意見當下便遭否定的部屬，會漸漸地不敢說出自己意見。當部屬不敢表達意見之後，就會慢慢停止思考，這樣一來非但無法激發出他的個人潛能，甚至還會影響他在團隊中的表現。即使認為部屬的想法與做法是不對的，也請先以積極、正向的態度接納。

話雖這麼說，當然也不能一開始便百分百同意或認同部屬的提案。以誠懇的態度聽完部屬的話之後，假如真的無法接受這個提議，就老實地向部屬說明真正的理由，接著，別忘了對他「表達意見」這件事說聲「謝謝」。

◉「接納」的態度，引出多元創意和思考

即使部屬的提案與意見不符自己期待，只要你可以先表示「接納」的態度，部屬就能變得更有自信，且能自動自發地思考。當部屬開始能自主之後，即使是簡單的項目，也能從中思考工作的意義。就算你覺得某個部屬很特異獨行，也不要將他視為搗蛋分子，請注意，這種「特異」，也是對公司有幫助的關鍵人物。在不斷的「接納」中，團隊將表現出能夠接納多樣化個性的氛圍，接著就能藉此激發部屬提出新的創意及意見。

●結合部屬的多樣特質，是取得亮眼成果的重點

為了能夠將團隊內的意見或創意實際運用於工作上，主管在激發出每個人的能力之後，也必須兼顧團隊的團結力。事實上，擁有許多不同人才的企業，和缺乏多樣化人才的企業比較起來，前者的業績是比較亮眼的。

和聲就是透過不同音符的共鳴才能譜出美麗的聲音，相信「多樣化能造就更多可能」，將傾聽、尊重的溝通要點實踐在你的團隊裡。

27 相反意見，都視為一種「有趣的意見」

就商業來說，創意就是最大的資源。新的產品或服務、流程與制度、工作的方法等，全部都源自於全新的創意。要催促部屬立即催生一個創意出來，其實也不是那麼容易。因此，必須訓練大家如何集思廣義讓一個全新的創意誕生。

◉主流、非主流的意見，一樣重要

當團隊內出現一個新創意時，請先利用開會時蒐集廣泛的意見。這裡有一個重點是，**集合大家的目的，不是要找出一個結論，而是必須叫大家提出反對的意見。**不管是主流意見或相反意見，請都接受它為一種「有趣的意見」，請讚賞他們腦力激盪的過程。因為有人提出創意，而有人對創意持相反意見，因此才能獲得全新的創意。

也可同時利用有相乘效果的「腦力激盪發想」（Brainstoming）活動，來創造新的想法。這是一種團體常用的創意發想法。讓部屬們自由地發表意見，接著再將各個想法的異質性以聯想的方式聯結起來，再發想出一個更全新的創意。讓成員自由發表想法的過程，能夠刺激其它同事的思考模式。

◉不帶批判，想法愈多愈好

進行這個方式的時候，通常會有以下的規則。

❶ **不批判**：在創意發想時，不對別人提出的創意加以批評或做出評價。

❷ **歡迎所有天馬行空的創意**：無聊的發想、粗魯的發想、會錯意的發想都歡迎！

❸ **發想愈多愈好**：歡迎各種多方的不同聲音，大家多多發表。

❹ **修正、改善、發展、結合大家的想法**：歡迎大家將其它人提出的發想做新的創意聯結。

盡可能將透過會議或「腦力激盪發想」活動所蒐集來的情報儲存下來，正因是天馬行空的發想，一定會在日後派上用場。

28 「什麼事，讓你變消極了呢？」主管要建立他的自信心

人的心裡都有一塊比較舒適、愉快並習慣的領域，這一塊領域叫做**「舒適區」**。指的是能夠安心、能夠穩穩踏出每一步的內心狀態，在安心、舒適的情況下，工作效率自然好，同時目標達成率也會提高，**所謂的「成長」，指的就是讓這塊「舒適區」變得更寬敞。**

◎從輕鬆的挑戰，習慣「接受新事物」

為了讓「舒適區」變得更寬敞，就必須從「舒適區」跨出一步，就是「挑戰」。只要能夠勇於挑戰，不管結果如何，心裡的「舒適區」就會變寬敞。

「因為沒有前例，所以我不會做」、「我沒做過，所以我不知道」……，因為小小的恐懼便避開挑戰，容易養成「逃避」的習慣。**剛開始，不需要貿然挑戰難度較高的事情，先從踏出一小步開始**。

挑戰結束後請以積極、正面的態度來看待過程：「其實也沒有像想像中那麼難嘛！」、「雖然這次不是很順利，但下次應該就能成功了」主管要以這樣的話來勉勵同事。累積一些小成功之後，接著就能不畏大挑戰，讓部屬從小成功中，養成「迎接新挑戰」的習慣。

◉失敗在所難免，找到「成功的做法」就不難

為了養成大家接受挑戰的習慣，公司內部是不對任何人的失敗加以責備的。只要一想到失敗後會被大家痛罵的樣子，我想任誰都會對挑戰這件事反感。但是，看到失敗，主管也不該視而不見，請定時回頭檢視，思考如何不再重蹈覆轍。

為了不犯相同的錯誤，所以才給自己再次學習的機會。就算結果還是失敗了，但勇於挑戰的精神值得讚賞，所以請相信自己下次一定會成功！主管本身也要明確表現出

「我們一起接受這個挑戰」，這種不屈不撓的精神一定也會打動部屬，而部屬也會因此而繼續展開他的挑戰。假如部屬拒絕挑戰的話，就要找出原因：「是什麼原因讓你變得這麼消極呢？」

複製團隊及隊員的成功模式，時常把「讓部屬成長」一事放在心上，這就是主管應扮演的角色。

29 工作不是旅遊，不能邊走邊看

「時間」在商場上是一個重要的資源。如何分配時間，會讓你的工作表現有很大的差別。那麼，到底該如何妥善管理時間呢？

◉沒有計畫、臨場發揮，浪費更多時間

為了在有限的時間內完成多項工作，第一步必須先擬定計劃。「擬定計劃十分重要」，我想大家都知道這句話是理所當然的，但出乎意料地，有許多人卻無法辦到。

我的朋友當中，有人出遊時「完全沒擬定任何計劃」。可是，當我仔細詢問之後，朋友表示這樣的效率非常差。因為沒有事前訂機票，所以光等候補機位就浪費掉許多時間，當然到達目的地的時間也總是很晚了。因為吃飯的地方也尚未確定，光找飯店吃

飯，光是等待就又浪費一大段時間。而且觀光的順序也因為沒有事先決定的關係，在未事先查明所需交通時間的狀況之下，每次他回國時總是一直在抱怨「我沒去到那裡」……。

假如不事先擬定計劃的話，就會**浪費多餘的時間，導致結果和自己預想結果的差距甚大**。不過以旅行而言，「走到哪玩到哪」的方式或許還能行得通，但在商言商，一切可就沒有這麼簡單了。

◉把「工作計畫」假想成「旅遊計畫」

在名為「商場」的「旅行」當中，必須就觀光景點（＝今天必須做的課題）列出一張清單，同時對照旅行目的（＝團隊或個人的目標、目的）決定優先順序。這時你必須看著全景地圖（＝希望達到的目標）決定移動順序或查出交通及到各觀光景點（＝各階段目標）所需要的時間，同時也必須做出詳細的流程（＝15分或30分為一單位）。

同時，為了讓參觀景點時能更有意義地參觀，必須先弄清楚各個景點的「必看行程

（＝工作重點）」。甚至必須事先準備在移動時（＝休息時間）想看的書或想聆聽的音樂（＝工作的資料或學習教材、教材輔助資料等等），必要的話還必須先跟餐廳預約時間（＝公司內與合作對象的會議）。

● **擬定工作流程、計畫，不要超過10分鐘**

像這種「旅行」的計劃不是當天，而是必須事前或者至少前一晚就先安排好才是最理想的情況。只要習慣了以後，每天大約只需要5～10分鐘的計劃時間即可。**只要能夠事前擬定周詳的計劃，就能在一大早快速地啟動工作模式，也會減少浪費時間的機會。**讓部屬了解擬定計劃的重要性，同時也請定期地檢視部屬們是否確實地為他們的工作擬定計劃。

30 不只關心進度，部屬的情緒也是重點

團隊也是一種「生物」，**團隊的能量將影響到團隊運作狀況、團隊成員關係及團隊氣氛。**假如不能及時把握時間確實掌握團隊狀況的話，可能會錯過解決問題的好時機，同時也可能造成團隊成員行動力下降，所以主管必須常常觀察團隊的狀態。

◉一個人的情緒，會影響整個團隊能量

由不同人才構成的團隊，也是許多「個人」的合體。觀察團隊時，首先請先從每個個體開始觀察，同時，擔任「團隊的潤滑劑」，也是主管的重要工作。團隊裡假如出了一個愛掃興的人物，很容易讓同事間失去和諧，讓原本運作良好的團隊陷入停滯狀態。

觀察各個成員的重點就是「每個人的能量狀態」，如何看出一個人的能量為高或低

呢？**可以觀察「當事人能量指數高（HIGH）或低（LOW）」，或者也可以觀察「能量本質是正面或負面」**，綜合4種觀點之後，可以再分成4種「能量狀態」。

◉先從旁觀察部屬的情況，再決定如何處理

這些狀態可以從部屬的工作執行狀況、情緒來得知，有些部分必須透過溝通才能發現，有些部分則需要站在稍遠一點的地方才能夠觀察。可以觀察每一個部屬的說話口吻、表情、態度、目光等等，先想像一下他們內心的聲音。

有時候透過非語言的溝通也能窺知一、二，若你有較在意的部屬，不妨**透過「詢問他的要好同事」來了解。**假如部屬知道主管很在意自己的話，能夠適時提升部屬的安心感，因為「不安的感覺」，將成為部屬成長路上的絆腳石，主管一定要注意。

團隊氣氛很重要！你的團隊狀態是哪一種？

高

■「高度負面」狀態

- 呈現「生氣」、「可怕」、「不安」、「採取防衛姿勢」、「焦躁不安」的狀態。
- 不平和不滿會直接說出來，攻擊性極高，**必須先去除讓他極度負面的原因。**

■「高度正面」狀態

- 呈現「活力十足」、「充滿自信」、「能面對困難」、「開心」、「對成功抱持著信念」的狀態。
- 能夠盡情發揮自己的能力，一切都準備好了，讓自己永遠處理最佳理想狀態。**可期待這位成員有出色表現！**

能量指數

■「低負面」狀態

- 呈現「心情低落」、「十分疲累」、「如同快燃燒殆盡殘燭」、「絕望」、「喪家犬」的狀態。精神較不安定，**必須特別注意他的心智狀況。**

■「低正面」狀態

- 呈現「放鬆」、「游刃有餘」、「穩重」、「穩定」、「老神在在」的狀態。因為精神狀況較穩定，所以**可建議他適合暫時休息或靜養**，暫時尚未能期待他有出色表現。

低 ← 負面能量本質 → 正面

31 「讚美」要公開，「修正、建議」要及時

為了幫助部屬快速成長，適時幫助他找出自己的工作盲點，主管必須適時地給予部屬客觀的「意見」。**「意見」有二種，一種是「指出對方優點」（讚美），另一種是「指出對方應修正處」（建議）。**不管哪一種，都是以提升部屬的成長與工作表現為最終目標。

◎透過上司的反應，部屬能及時修正或確認做法

給予部屬意見時，除了定期的個人面談之外，在平常工作時也可以積極地適時提供意見。一個團隊，或者團隊成員在成長的路上，是否頻繁地接收到各種不同意見，便決定了他們成長的速度。所以身為主管的你，應該持續且於平常工作時就給予部屬不同的

意見。

平常工作時間內給部屬意見時，一定要切記「及時」這個關鍵！好不容易找到可反應給部屬的意見，但可能因為時間的流逝而忘記告訴對方了。因此導致部屬不知道自己的優點，無法達到自己期待中的目標，或者應該改善的地方也無法在當下請對方做修正。假如沒辦法在當事人**記憶尚鮮明**時說出意見，效果將大打折扣。

◉主管有建議，就要第一時間說出來

尤其是「希望對方改善的意見」，最好當下就能及時告知對方，一旦時間拉長，將導致壞習慣愈來愈難改，最後可能還會浪費時間，甚至影響工作心情。

「你無法接到這次訂單的原因，我想是因為你與客人之間的應對模式出了問題。之前對方曾經表示你說話的態度有問題，而且平常回信的速度有點晚。之後要請你再多注意一點。」

假如上司這樣子跟你說，你會有什麼樣的感覺呢？部屬一定覺得「**為什麼不早點說？**」其實部屬心裡的聲音是：「為什麼你不先給我些建議呢？」早點改善缺點，就不會導致最後接不到訂單了。當事人非但不會有業績上的損失，公司更不會少做一門生意。

另外，假如在很多人面前告訴當事者須改善哪些事情的話，可能會讓當事人因為感到羞愧及不甘心，反而無法讓當事人接受你的「建議」。相反地，假如是「讚美」，就可以在大家面前告訴當事人，如此一來還可以成功提升部屬的工作動力。

為了幫助部屬成長，可多增加「提供意見的機會」，最理想的狀態，就是在團隊內建立同事們能相互給意見的公司文化。建議大家可以定期地在團隊內回顧彼此的工作狀態，將「提出意見」變成一種常態。

32 主管率先實踐「適度的休息」，工作保持高效率

假如我們想鍛練肌肉的話，必須多做重訓。但是，要是沒有適度地休息，可能也會因為疲勞累積，不但導致肌肉無法練成，甚至可能會造成運動傷害，因為「**成長**」＝「**負荷（壓力）**」＋「**休息（回復）**」。

◉「休息」，也是成長的必備條件

工作上也是，為了讓自己表現更好，必須給自己一些壓力，但這個壓力不能持續太久。為了持續專注力，必須定期地休息。因此，為了讓部屬能夠有穩定的工作表現，必須提升他們「放鬆的意識」。

主管必須幫部屬安排「休息（回復）」的時間，這裡最重要的是，讓部屬們體認到休息的重要性，並且請他們自己決定什麼時候該休息。愈認真的人愈無法自動自發地休息，這一點請特別注意。

人類的大腦無法長時間專注於一件事情。完全不休息而持續工作的話，肉體將開始疲勞，思考能力也將降低。結果便導致工作效率愈來愈低。此外，假如身體一直受到長時間的壓力侵襲，將造成壓力愈積愈多，甚至可能造成心理的負擔。那麼，怎麼做才能讓「身體」與「大腦」取得平衡呢？

◉身體和大腦，要切換與工作時不同的模式

假如是長期必須動到身體的「動態」工作，那麼你需要的是「靜態」的休息，也就是說你必須讓身心同時放鬆。放鬆全身的力量，讓身體稍微休息一下。做個深呼吸，聽聽安靜的音樂也不錯吧！這麼一來就能讓身體的疲勞感煙消雲散，之後的工作效果也會有明顯的提升。

相反地，假如是屬於創意類產業的話，因為「靜」的狀態持續太久了，就必須給身體一些「動態」的刺激。具體來說，可以稍微動動身體，例如做做拉筋操，會有不錯的成效。適當地活動身體，也可以暫時切換一下大腦的思考開關，有時候還會因此讓大腦產生全新靈感。

不過最基本的重點還是**平常必須過規律的生活**，盡可能不要加班，有充足的睡眠。做做適當的運動，假日時做點能轉換心情的活動。

身為主管可以率先實踐「適度的休息」，先以身作則做給你的部屬看，告訴他們「壓力」＋「休息（回復）」的重要性。

不用帶人，部屬會自動成長的

關鍵1句話

★場景❹做例行工作時——

- [ ] 「做什麼事的時候是最快樂的呢？」⋯⋯⋯（P 102）

- [ ] 「謝謝你幫我做〇〇。」⋯⋯⋯⋯⋯⋯⋯⋯（P 105）

- [ ] 「原來如此！
這也是一種特別的想法啊！」⋯⋯⋯⋯⋯⋯（P 108）

- [ ] 「這對你來說是一種挑戰嗎？」⋯⋯⋯⋯⋯（P 123）

- [ ] 「什麼事讓你變這麼消極呢？」⋯⋯⋯⋯⋯（P 123）

一對一面談時，具體說出部屬的成績

「這幾個月，看你在與A廠商的合作企劃上花了很多心思，表現很好。」

33 定期「一對一」面談，維持戰鬥熱度

維持同事對工作的新鮮感，定期和部屬個別討論，確認大家的目標方向，是非常有效的方法。

透過定期確認部屬的「目標方向」、「期待」、「未來的藍圖／任務」，能夠再次確認整體團隊是否「持續前進」。同時也可以防止有些人成為「單打獨鬥」類型的工作者，隨時保持團隊的「戰鬥熱度」。

◉定期「面談」，確認工作進度

藉由定期面談，確認部屬的工作期待與進度，也是一種維持工作動機的重要方式。

和部屬的定期面談，可針對「達成目標」及「個人進修」等方面做面對面的詳談，對彼

此來說都是很珍貴的談話。在面談之中，主管可以回顧每一位團隊成員的整體表現，因此對部屬來說也是一次重要的表現機會。

年中面談，了解年底的目標是否能夠順利達成，同時驗收到年中為止的工作成效。也能夠藉此了解為了達成目標，員工是否獲得主管或團隊的協助，因此這時的面談對激發部屬的工作動機來說是很重要的。

年底面談，可趁此機會檢視員工當年達成的實際業績，同時思考下一年度的業務活動等，是整年度末最重要的活動之一。年底幫每位部屬打考績前，請務必與他們做一次面談。可針對該年度的進步狀況給予讚許，認可他的表現，同時也可趁此機會確認該部屬今後的發展性。

◉確認工作狀況，給予部屬需要的協助

面談時，首先針對部屬為了達成目標，而正在進行的工作狀況，做內容與目標的確認。接著解決他的需求及應處理的問題，確認他是否需要什麼樣的援助。

●與部屬面談的頻率，維持一個月至少一次

若有新的任務或職務上有任何變化，請在面談時確認年初的目標修正，或追加其他工作事項。可以針對員工的培訓狀況多了解，確認部屬在新的年度需要增進的專業知識與技能等，再確認後半年度的重點任務與努力方向。

這種小面談與正式的面試不太一樣，是一種視工作需求所進行的短時間個人面談動作。請盡量撥空，每星期至少和部屬進行一次對話，或至少一個月做一次個別的溝通。

34 「覺得哪裡做得不好呢？原因是？」討論6個月內的表現

為了讓主管與部屬之間的面談更有意義，或者討論出更有建設性的共識，事前一定要做充分的準備工作。尤其是正式面談之際，為了達到雙方的期待，同時也能充分的做出應有評價的話，事前的準備工作就必須更周全了。

◉盡早確定時間，並選擇正式的場所

首先，請**盡早通知對方面談的時間，讓彼此都有充裕的時間做準備**。假如只是因為自己「剛好」有空，便利用一小段時間通知對方進行面談的話，很容易讓對方覺得自己的面談未受到重視；**面談時間控制在一個小時內是最恰當的**。

時間確定了之後，找一個能夠讓彼此在穩定心情下對話的地方，例如會議室等，好好的進行談話。以前在某個研習課程當中，曾經詢問當時參與的學員有關「最差勁的面談經驗」，是「在辦公室內的影印室，僅僅5分鐘便倉促結束」。這樣子的面談經驗讓這位學員覺得「自己在團體中是不受重視的」。面談時也盡量避開自己的辦公桌，選一個不用在乎別人眼光，不會分心的最佳面談場所。

當時間和地點決定了之後，請重視再檢視即將進行評價的項目，想像面談的腳本及最終目標，這時有幾個地方請特別留意：

CHECK 面談前，主管應該確認的事項

- □是否已經預先告知部屬面談時間？
- □是否已經找到一個能夠安心談話的場所？
- □工作表現的檢視期間從何時到何時呢？
- □對部屬是否有先入為主的偏見呢？
- □是否已對自己的評價習慣有所自覺？
- □是否事先請部屬也針對面談做準備？

❶定出工作表現檢視期，6個月最剛好

人往往容易被較近期的事情吸引或感到印象深刻，例如因為某位部屬接到一筆較大的訂單，便容易認為他的表現一直都這麼好；相反地，假如近期內該部屬發生了失誤的話，主管可能會因此先入為主地對該他產生不好印象。如果檢視期間為6個月左右的話，就可以較客觀地檢視部屬的工作表現。

❷不先入為主、不任意貼標籤

面對部屬時，多少會對部屬產生主觀偏見，例如「這傢伙工作能力不錯」、「那傢伙是個工作能力很差的人」，多多少少會對別人產生偏見。假如產生了這樣子的偏見，很容易陷入「工作能力不錯的傢伙所完成的工作較優秀」之迷思；相反地，也會陷入「工作能力很差的傢伙做什麼工作都覺得不是那麼地出色」之偏見中。請拋開成見，不要對部屬貼上標籤。

❸了解自己是什麼類型的主管

主管可分成幾種類型，有「總是給部屬嚴厲評價」、「總是給部屬寬鬆評價」以及「能做出客觀評價」以上三種。請在面談之前先掌握自己的是哪一種類型的主管，注意

自己是否一開始便對部屬有所偏見，這種主觀的偏見稱之為「評價錯誤」。

◉ 讓部屬可以放心說明工作情況的提問

面談的時候，當身為主管的你做準備的同時，也請邀請部屬做以下的準備。有些人一聽到「評價（打考績）」這個字便開始感到害怕、緊張，甚至有人會開始產生負面想法，所以在進行面談的時候，**一定要讓部屬接受到積極的訊息，讓對方意識到這是一次「對雙方有意義的面談」**。

❶「工作目標」，自評到目前為止的工作表現

「覺得做得不錯的部分是哪裡呢？」

「覺得哪裡做得不好呢？原因出在哪裡？」

「能夠自己控制和不能控制的部分是？」

「你覺得自己離目標多遠呢？」

❷討論今後幫助部屬成長時需要的協助

「什麼事對自己日後的成長有幫助？」

「日後對公司能做出什麼樣的貢獻呢？」

「在下一個年度裡，想參加什麼進修課程？」

如以上所述，請部屬也先做準備後，便能讓雙方的談話很快進入重點，同時也可讓部屬感到自己的貢獻受到重視，如此一來，部屬便能自動自發、獨當一面，對自己的工作表現也更能負責了。

35 「過去一年，你有什麼收獲？」

面談的時候，如何有效地讓雙方達成有效的溝通，將對於整體工作造成很大的影響。假如主管無法以有自信的態度出現、無法準備正確的面談環境，將完全無法引起團隊成員的工作動力。

◉良好的氣氛，是有效溝通的開始

面談中給予部屬建議的時候，主管難免也可能感到緊張或不安。主管必須保有穩重的姿態，一邊觀察對方的心情，一邊給予最適當的建議。如此一來，就算是一位原本充滿自我防衛意識、攻擊型或消極型的部屬，也能因此尊重主管的意見，進而共同想出具建設性的方式，解決當下遇到的問題。

面談的重點在於以下6點，請參考說明與實際的對話範例：

❶以「輕鬆的氣氛」開場

為了緩和現場的氣氛，**可以藉由一些日常話題做為開場，打破彼此之間的冰點**。坐的位置當然也會因為彼此之間的關係而異，兩人可以分別坐在桌子的對面或者比鄰而坐、坐對角線也可以。不過要注意，對角線式的坐法有時比較能緩和緊張情緒，**此時的最佳表情當然是「微笑」**。

主管：「工作還順利嗎？」

部屬：「○○公司的報告書快完成了。雖然花費的時間比預想還多，但我覺得是一次很棒的經驗。」

主管：「那真是太好了。辛苦啦！」

❷說明面談的目的與內容，彼此確認所需的時間

向對方確認是否有想增加的面談重點，或者是否有想增加的面談議題。此外，假如面談的主題過多的話，先討論出優先順序，以及萬一時間不足時的處理方式。

主管：「我們來看看你這一年來的工作表現吧！」、「事前做好自我評比了嗎？」

部屬：「我將自己的意見整理好了。」

主管：「在這段時間當中，有沒有什麼想討論的主題？」「我想當面聽你的寶貴意見，要花多久的時間都沒關係！」

❸明確傳達面談時的約定事項

強調這是兩人之間的談話。在面談以外的場合絕對不會洩露兩人的談話內容，強調保密性可以提升部屬的安心感。

主管：「在檢視工作表現這一環必須花費許多時間，所以我們就有話直說吧！」「我可以跟你保證，在這裡你告訴我的事情絕不會外露的！」

❹說明整體目標與接下來談論的內容

主管：「現在是我們必須放眼整體目標的時期。」、「我們就工作計劃開始，具體地討論業務這部分！」

這時可告訴部屬他過去一年的表現，有哪些成功的事蹟等正面的表現，先減緩他的不安，讓他的心情穩定下來。

主管：「今年你剛接任新的職務，一定很忙吧！」、「不過你這兩個計劃執行得很好！」

❺工作內容報告結束之後，請當事人發表自己的意見

部屬會在這個階段說明完自己一整年的工作內容報告，在當事人未對自己的表現發表見解之前，**主管盡量避免說出自己的想法**。

主管：「你覺得過去的這一年，對你來說是怎麼樣的一年？」

部屬：「雖然是極為忙碌的一年，但和許多有趣的顧客往來，我認為非常有意義。」

❻選擇可自由回答的問題，接著開始面談

面談最重要的就是開場時的氣氛，請拿出你的誠意，表現出**願意傾聽**、**協調**、**與人商量的態度**。只要主管認真地安排面談，部屬一定會感受到主管的用心，就會自動地尋求自我成長。

36 「你認為，自己的優勢是什麼呢？」讓他看見自己的強項

人往往都喜歡將焦點放在別人的「弱點」，也就是說，人自然都會去看別人「需要改善」的地方。**為了讓面談能夠更有效地進行，請聚焦在部屬的「強項」，提出建議時，也請將重點放在「如何做得更好」為主。**

◉掌握部屬的工作強項，找出發揮到極致的方法

公開面談的場合上檢視部屬的個人工作表現時，請盡可能地**一開始便提出部屬的優點（強項）**。一開始便將部屬的優點提出來的話，**不但可以提升部屬的信心，促使他更想找機會發揮自己的優點之外，也可以讓面談的氛圍變得更加積極。**

讚美與認同成果可以加強部屬的工作動機，養成他積極的職場心態。認同部屬的「強項」時，在一邊讚美及鼓勵當事人的同時，**請把重點放在如何將部屬的強項發揮到最極致的方法上。**

為了能夠聚焦於部屬的強項，必須**事先掌握他的工作成果：**

「哪件事做得很好？」

「達成的實際成果為何？」

「如何達成的？」

「特別努力付出的點是？」

「為了將優點發揮到最大值，怎麼做才是最恰當的呢？」

詢問當事人覺得自己哪裡做得最好、對於自己的哪一個部分的工作表現最滿意等，接著再就部屬回答的內容做討論。

◉錯誤的面談內容：主管自顧自地說話

在面談的時候，也不能只談論好的事情。為了讓面談能更有效地進行，同時也必須注意進行的方式。在這裡，舉一個「不良的」面談進行方式給各位參考：

經理N先生目無表情地一直往桌上瞧，不知道在紙上寫些什麼，眼神完全未與部屬有所接觸下，開始自顧自地說起話：

「○○先生（小姐），在與A廠商的業務部分你似乎做得不錯。」

「不過，我想也不可能每次都看到好結果。我們來談談有關潛能開發訓練課程的重點吧！」

這樣的對話中，第一個問題是「**沒有具體的例子**」，部屬根本不知道自己哪裡做得不錯。第二點是，**主管幾乎沒有花時間聽部屬的意見，只是一味地表達自己的看法而已。**如果想因此讓部屬變得更積極的話，我想可能會得到反效果。

◉具體說明並讓部屬陳述後，再給予建議

那麼應該怎麼做才好呢？「重點」部分應該配合手勢或表情，再搭配積極的口吻，具體地告訴部屬哪裡做得好。接下來，我們來看看有效又良好的面談範例：

經理Y先生微笑著，看著對方的眼睛開始說話：

「○○先生（小姐），這幾個月看你在與B廠商的計劃上花了很多心思，你真的很努力。」

接著，具體說明覺得很棒的地方：

「尤其是你上個月的簡報十分清楚。客人都給予高度評價喔！」

「剛開始看你似乎有點緊張，但簡報內容十分條理分明，非常清楚。」

「最後結尾的地方也十分簡潔！」

接著，再針對自己認為做得不錯的地方，詢問當事人自己的意見：

「面對客人的提問，你也很沉穩地回答，看起來十分有自信，當時的確是這樣嗎？」

接著再針對未來的計劃，提出自己的期待：

「有什麼問題隨時都可以來找我，不要客氣。」

「因為你在這方面做得很棒，希望你可以更努力、讓自己的能力更往上一層樓。」

「這次的工作你做得很好！真的太棒了！」

如上所述，兩種進行方式對部屬產生的影響可說是天壤之別。不需要花費太多的時間，**只要能夠一步一步地切中要點，慢慢地說進部屬的心坎裡，就能夠得到意想不到的效果。**讓部屬的「強項」更上一層樓，部屬的個人動機就會提升。讓團隊的每位成員都能有成就與自信，團隊的整體氣氛就會大幅提升。

37 一次講太多重點，對方不知從何改正

當我們想提出一些改善建議給部屬時，最好能預先想好「應該用什麼樣的方法表達，他的接受度最高」。

「該怎麼說，他才能以積極的態度接受呢？」

「該怎麼說，才能讓他感受到這件事的重要性呢？」

盡可能避免「過度批判性的發言」，因為這樣可能會讓部屬出現不必要的自我防衛動作。

◉表現優秀的部屬，不要吝惜讚美

對於整體工作表現都很傑出的部屬，主管要在適當的機會給予讚賞，在一對一面談

時，**也要直接表達認同他的做事態度。**然而，一個工作表現愈好的員工，愈渴望得到更多的成長或改善建議。

當然，除了認同部屬的表現，也應該將需要改善的缺點告訴他。在提出建議之前，主管應該先將他在工作上「尚待加強處」，直接說出來。接著，讓部屬先自己思考該怎麼做，才能改善。當事人如果無法指出重點的話，再由主管來提點也可以。

重點是，主管在講述方法時，一定要事先準備實際案例和根據，完整說明整個內容。這些改善重點要轉化成很明確、可以做得到的實際行動。

◉有待加強的部屬，別急著要他一次改進全部

如果面談對象是一個整體工作表現低於期待值，或者是有很大問題的部屬，請盡可能地以肯定的態度進行面談，試圖讓部屬變得更積極。做得不錯的部分、努力的樣子、獲得不錯評價的表現等，都可以適時給予肯定與認同。

接著便針對部屬的工作表現，傳達主管所想到的主要問題。為了不要讓部屬感到混亂，**切記不要急著一次傳達太多重點。**當然，如果是造成周遭同事或客人麻煩的不好習

慣，就必須立刻指正，但若是關於個人工作表現，建議可以用較長遠的眼光來看待，不要急著指正錯誤。

假如面談可以進行到這裡的話，便可以針對自己想指正的部分尋求當事人的見解，試圖透過更深入的談話了解現狀。假如面談的重點太多，不要急著一次講完，先講重點，一個一個慢慢解決。在談話的過程中，部屬也會開始對未來的目標感到躍躍欲試。

38 面談愉快的結束，部屬工作更積極

面談快結束時，一定要處於積極的談話氛圍中。不管面談主題是「認可部屬的優點，幫助部屬有更多機會發揮」或者「希望部屬趕快改善自己的問題」，面談的最終目標就是幫助部屬日後的成長，同時幫他們實際付諸行動。

假如面談的氣氛極差，讓部屬在煩躁不安的心情之下結束面談的話，**就算部屬了解自己應該改善的地方，也會因為情緒的作祟而導致無法接受這個建議**，最後讓想法只僅止於想法而已。

◎愉快中結束的面談，部屬會積極改善

面談時，若部屬的工作表現不佳，主管給予改善的建議；或者雙方針對某個特定問

題，分別持不同的意見時，氣氛容易開始變得情緒化。

這時候，部屬的反應大概都是「沉默」、「陷入長思考」、「開始動怒」、「辯解」等等。這些反應背後的聲音是「你給我的評價實在太讓我驚訝了」、「我擔心我的工作前途」、「這個結果並不是自己的責任」、「我無法接受你的指責」、「不公平」、「怎麼可能叫我改變，就能立刻改變」。

嚴厲的建議所帶來的缺點遠比優點多，雖然主管必須明確地提出改善要點，但也必須以「從旁支持」的姿態對部屬提出自己的想法。請以公正且積極的態度支持你的部屬，讓他能夠針對自己的工作表現負責。

◉改變面談氣氛的關鍵問話，從這4點思考

❶看出部屬心裡的不安，蒐集情報

「假如你有什麼地方還不懂、或者無法認同，可以請你具體地告訴我嗎？」

❷查明真正原因，站在對方立場仔細聆聽，突顯部屬的見解

「為什麼會造成這樣的結果（狀況），我們來一起找出背後的原因。」

❸從實際面來分析問題，主管以誠實且積極的態度面對，互相理解

「若以客觀的眼光來看，這件事情會是怎麼樣呢？」

「在那種狀況之下，我們當時應該能做些什麼吧？」

❹討論如何克服困難，盡量將主導權交給當事人

「我們來想想，怎樣才能從這件事當中學到教訓？」

「我想從旁協助你，請想想看你需要什麼樣的協助？」

●感受到「支持和了解」，是進步的動力

不管面對什麼樣的問題，為了讓部屬能夠有「被了解與獲得協助」的感覺，主管應該更慎重且更用心地處理與部屬之間的互動。給部屬的評比太低的話，不但可能影響部屬的升遷或薪資，更可能因此而傷了部屬的自尊心，這一點請務必銘記在心。

同時，也絕對嚴禁向其它團隊成員透露兩人之間的談話並做比較。對於面談部屬的職務及期待目標，可以依照當事人的工作表現來做結論。假如已經判斷無法再經由談話有任何進展的話，就不須再勉強進行面談，可以稍做休息，改天再進行面談也是一個不錯的結束方式。

◉面談後做到4件事，讓談話效果達到100%

面談的最後，主管務必要做到以下4件事：

❶為了確認部屬是否已經全盤了解雙方談話的內容，就重點**請他做總結**。

❷**確認能力提升及行動目標的執行重點**，並向其傳達自己身為主管在這個環節的任務內容。

❸**詢問部屬有沒有其它要談的重點**，如果對方表示沒有的話，就可確認面談已達到目的，可以結束面談。

❹**最後以積極的發言做結語**。尤其當部屬所獲得的評價不是太高時，盡可能以鼓勵的話語來做結尾。

面談是一個可以認同、讚美部屬努力成果，並且促使部屬成長的大好機會，同時也能強化上下之間的信任關係，建立積極的工作風氣，請務必定期和部屬們進行面談。

不用帶人，部屬會自動成長的

關鍵1句話

★場景❺一對一面談時——

- [ ] 「為了幫助你，面談前要做好提問的準備。」
……（P 142）

- [ ] 「我們的時間十分充足，
就在這裡好好談一談！」……（P 145）

- [ ] 「你在負責○○的工作時，
我認為你的△△部分做得特別好！」……（P 154）

- [ ] 「我們一起來想想看，當時做了什麼，
為什麼會導致這樣的結果？」……（P 159）

- [ ] 「工作上有沒有哪個環節需要我幫忙呢？」
……（P 162）

開會時多用「問句」，回答就是「討論」

「如果是用A方案，該從哪裡開始做起？」

39 能力強的主管，最懂得如何開會

「開會」這件事，其實是必須付出許多人力與時間成本。既然付出了這麼多成本，當然要從會議中獲得具體成果才符合效益。一定要記得，**會議不是為了「報告」事情而開，應該是為了「討論」事情而開的！**主管必須在開會中表現自己的領導與統合能力，引導部屬們的想法。

◎只有主管講不停的會議，不如別開

不難發現，許多公司的例行會議，已經變成一個大家必須在固定時間集合的例行公事，會議上討論的內容，也只是一些用電子郵件就能傳達的事項，有些會議甚至淪為主管的訓話時間。

●「無效會議」有那些特徵？決定與發言權都在某些人手上

・目標不明確。
・說最多話的人與聲音大的人握有發言權。
・有成員完全不發一語。
・位階愈高的發言，愈容易被所接受。
・會議時間冗長但沒有結論。
・提出意見時，容易遭到否定。
・一開始就已經有結論了。
・在會議室以外的地方，會聽到不同於結論的意見。

●會議成功與否的關鍵是：全員參與的公平性

・是否已達成目標（決策、共識等）？
・決策過程對團隊是否帶來正面的影響？
・參加者是否都能積極發言？會議中是否出現不同的聲音？
・參加者都能認同開會成果嗎？

・決策能不能提升團隊成員的行動力？

為了在「開會」時培育部屬成長，**必須讓大家重新認識會議的意義，以期在最少的時間內達到最大的效果。**只要確實「打造有效會議」，無論主管或部屬，都能藉由「開會」獲得寶貴的成長。

40 開會不是人到就好，先做3件事

沒有人會在毫無準備下就約客戶見面，或者進行重要企劃的簡報，相同地，為了讓「會議」成功，周全的準備工作絕對不可或缺。**開會前必須做好以下三大準備——「計畫」、「傳達」、「事前預演」**。

◉開會主題，不是等大家到齊時才說

「計畫」就是開會之前就要設定清楚的「目標」與「主要任務」。至少要讓所有參與會議的人知道會議是為何而開，以及希望得到的結論。

「今天開會的目的與目標是？」假如主管在會議一開始就提出這麼狀況外的問題，保證會讓大家都想馬上走人。

◉ 思考、討論，這種開會才有意義

「**傳達**」，指的是**將要討論的內容事前發給所有與會者**。事先收到內容，可以提高成員的參與感，也讓他們了解自己該「準備」什麼。

比方說，A如果要在會議上報告，他必須事先分發資料給大家，同時也要思考，怎麼在有限的時間內，讓大家了解自己的簡報內容。

若要討論內容，就要先讓大家知道主題，所有人必須在開會前，先針對主題思考。例如這次的開會主題為「如何讓團隊協商更順利？」，與會成員就必須先思考以下的問題：

❶問題出在哪？❷造成問題的原因為何？❸為解決問題，哪些事情是可行的？❹現在應該做些什麼？

若與會成員都能事先思考，會中的討論工作就能順利進行。

◉開會過程是什麼？提前預演一次

所謂的「預演」，指的是先想像會議的進行方式。想像討論中的發言順序，以及在一會議開始時的破冰遊戲等等，或者列出與大家閒話家常的話題，也可以先備妥在討論議題的當下可能會用到的道具，例如：腦力激盪時所需的便條紙、計算時間的碼錶、緩和現場氣氛的甜點等等，事先準備讓流程更順暢的道具，這場會議一定能順利進行。

如果大家都能習慣做好開會前的3項準備，就能迅速地提高團隊成員對會議的認同感，也能得到更多好的意見。

41 賦予每個人一種角色，熱烈討論

開會時，如果每一個成員都有任務分工的話，會議不但能進行的更順利，**也會讓所有成員們感到自己有所「貢獻」**，藉此還能提高每個人獨當一面的能力，增加對討論事項的認同感，在會議中決定的工作項目，也能很快找到負責人。

◎會議中，每位成員都有該做的事

有時可能因為參加人數不同而異，但最好賦予所有參加會議的成員一個「角色」。

以下就具體的負責角色舉例，請各位參考：

● **主席：最終決策者**

會議的最終決策者，通常由主管擔任。

●推動者：以旁觀者角度讓會議進行

由主管擔任也可以，但若主管握有決策權，最好讓其他人擔任比較理想。因為一人身兼「推動者」＋「主席」的角色，到最後大家都只能聽這個人的意見，如此一來討論的內容便有所偏頗，思考也較狹隘。假如有成員能夠以旁觀者的觀點來推動會議進行步調、議程，效果最好。

●現場記錄：公開會議內容

這種記錄方法，可以直接對與會成員公開會議內容。有些會議在進行時，發表人會同時在黑板上寫出內容，但在書寫時，往往便打斷了會議的議程。為了讓大家能夠集中精神進行會議，如果能夠有一個人能專門負責現場，可以精簡開會的時間。

●報時者：催促會議進行

如同文字所述，這個人的工作就是報時，但他不只是單純喊出「過10分鐘了～還有半小時結束」，而是必須確保會議順利進行，所以他要提醒大家，「已經討論超過10分鐘了，我們還可以用這個觀點來思考看看！」、「還有5分鐘，我們先做個總結吧？」。

● **會議記錄：留存資訊，讓其他人共享**

討論的同時，用打字、錄音等方式記錄會議內容。將談話內容做成會議記錄，讓未參與的成員也能共享資訊，但現今科技進步，就算是寫在白板上的內容也能立即拍成照片保存，所以這個角色的需求度漸漸降低了。

◉ 可安排不同的角色，增加討論的變化

以上這些都是基本的角色，但只要團隊成員需要的話，**可以創造很多不同的角色**。例如：「會前向與會者確認事前準備工作的人」、「準備場佈的人」、「聯絡大家以期準時開會的人」等等，這些都是讓會議進行更流暢的大功臣。

假如有「**讓討論品質提高**」的角色存在，那麼會議本身也會變得十分有趣；「反對意見角色」，必須大膽地以不同觀點提出與主流意見不同的看法。「負責點名的角色」則必須觀察所有與會者的發言狀況，提醒未發言的人說話。除此之外還有如「細部觀察員」、「大觀點觀察員」等等，不同的角色，只要能夠活用這種引發熱烈討論的模式，每一次開會都能激發出更多的創意。

42 「該怎麼做才能？」用問句當開會主題

開會一定有目的與主題，但討論到最後，大家很容易忘了到底為什麼來開會。

在我的研習課程上，最後一堂課時，會請每位學員決定他們返回職場後要執行的「計畫」。出乎意料之外地，有許多人寫「用開會決定」。當我進一步詢問後，他們的回答是：「藉由共享成功案例的經驗，可以做為大家行動的參考」、「加強團隊成員間的溝通，提高向心力」。

◉把「主題」寫在明顯處，提醒成員們不要偏離

然而一個月後，我再確認學員們的執行狀況時，許多人告訴我：「會是開了……」、「因為大家都很忙的關係，並沒有太多人參與。」這麼聽下來不難發現，雖

然他們開了會，但卻沒有達成當時想「共享成功經驗」與「提高團隊向心力」的目的，這就是以「開會」本身為目的的典型無效會議。

人很容易被眼前的事物所吸引，所以在討論的時候，一定要將目標擺在大家都看得到的地方，全體成員必須知道「現在要針對A主題做討論」。即使已經決定主題，如果無法隨時注意大家的發言，最後當一陣言語交鋒之後，只會留下一句「你剛說什麼？」的疑問，反而忽略了真正的討論目標。

會議的議題及討論的主題，一定要清楚地寫在大家都看得見的地方，討論就不容易離題，就算離題了也能很快回到主題。只要讓團隊成員習慣在討論時看見主題，就能時時留心工作目標，也能訓練員工客觀地看待公司現狀。

◉讓討論熱烈的訣竅：把主題變成「問句」

寫主題或開會議題的時候，一定要以「提問」的方式來書寫：「該怎麼做才能～？」。例如開會的主題是討論「課程招生」，普遍會設定「課程招生大作戰」、「增加學生的作戰計畫」等等的主題，但與其寫出主題，不如以提問的方式寫成「怎麼做才能增加學生數呢？」、「要怎麼做才能達到最大宣傳效果呢？」。**人類的大腦有一種自然的本能，只要聽到問題就想回答，因此如果以提問方式書寫的話，比較能夠讓大腦動起來。**我希望各位都能了解到小小的一個寫主題的動作，可能拓展無限的創意，激發更多的想像。

43 空口白話不算數，寫下來才清楚

「花了很長時間在討論，結果卻什麼結論都沒得到」——我想很多人有這種經驗，原因在於討論過程沒有「透明化」。

◉現場寫出意見，減少抗拒並增加認同

討論的時候，必須把所有人發表的意見「書寫出來」，而且讓大家都看得見。視覺的刺激佔人類大部分的感官感覺，將大家的意見公開寫出來，與會的成員更能將精神集中於討論主題當中。記錄的工作可以交給「會議記錄」來執行，假如沒有「會議記錄」的話，可以請主持人一邊主持會議，一邊指派其中一位成員完成要點記錄的工作。

將發言內容寫出來，可以讓發言者感到**「意見受到認同」**。開會時會有不同的成員

輪番發言，當新的發言蓋掉舊的之後，前一個意見很容易被忘記。而前一位發言者往往無法再次發言，這麼一來，會議結束時，他便留下「我不受重視」的負面感覺。可是，假如有人在現場寫下自己的發言，就不會有這種感覺了。

◉發言文字化，成員較容易提出不同意見

被寫下來的意見，將不再是「個人意見」，而是成為**「團隊的意見」**，如此一來，也比較容易聽到不同的觀點。有時候明明反對A的看法，但卻因為和他太熟，而不好意思說出來，藉由記錄發言文字，也能避免像這樣的情況。每位成員說過的話，都寫在明顯的地方，思考時，就能看到其他人的想法，激發更多的新創意——這種會議的效率一定最高。

MEMO

開會時不中斷！當議程停滯時的提醒筆記

★回到最初的目的（一開始為了什麼而開會）。

★從更高的地方，重新審視你的目標（個人➡團隊➡組織）。

★以更寬闊的眼界來看（短期➡長期、部分地點➡全部）。

★整理到目前為止說過的意見，站在第三者的立場思考。

★中途先改變一下話題。

★讓人數少的團體先發表意見。

★中場休息一下。

★和別人換位置，轉換一下心情。

44 「意見要說出來。」空想的點子，沒有價值

開會的時候，必須讓所有參與開會的人都發言。讓所有人都充分了解與認同開會的主題，同時**將「清楚說出自己意見」變成團隊文化。**

◉ 思考後的發言，具有「執行價值」

「發言」，在部屬追求成長的路上是不可或缺的。想要成長，必須先用大腦思考，並且產生自己的見解、意見。「發言」時的大腦運作方式，和「只是空想」時的方式完全截然不同，只有將想法化成語言，才能提高思考的品質。

「明白這個道理，但卻做不到」的人，幾乎都是空有想法，但卻因無法「說出口」

而作罷。請大家一定要記住，**不「說出來」，就無法執行，只有說出來的計畫，才有機會成功執行。**

對團隊來說，雖然因為成員觀點各異，而聽到許多不同的意見，但有不同意見的團隊，創意的品質明顯較高。踴躍發言可以讓成員對自己的提議或團隊的目標更加有責任感。也就是說，發言者會更願意參與決策過程、主動想為團隊付出，這也就是提高團隊意識。

◉部屬在會議中不發言的9個原因

「發言很重要！」——就算了解這個道理，但想讓大家都能發言並不是一件簡單的事，原因出在哪裡呢？

❶花太多時間在思考。
❷無法跟上議程的腳步。
❸缺乏相關知識。
❹對自己的意見內容缺乏自信。

❺過度迴避主管和同事。

❻害怕反對的意見。

❼不了解會議目的。

❽和周遭意見一樣。

❾總是覺得「一定會有人起來發言」。

從以上的原因可以看出，**有些人其實認真在思考，但最後卻未能發言**，但有些人是因為缺乏自信、太過客氣、因為不安、不想負責任、態度消極等原因所以不想發言，其背後的原因其實有很多種。

每個人不發言的理由都不同，因此想鼓勵部屬發言的話，必須個別解決他們當下遇到的問題，但絕對不能因為部屬不發言，就認為他們「缺乏衝勁」、「對公司認同感低」。

對缺乏會議主題相關知識的人，可以事前提供資訊；對於太過投入思考的人，可以試著減緩開會的步調；對於態度消極的人，可以讓他們了解開會的目的與發言的必要性及好處。

先確認每位部屬不發言的原因後，再讓他們了解：「**發言，才能有所成長。**」

◉讓成員用「小組對話」，活絡會議氣氛

為了讓開會議程更熱絡，必須使用一些技巧。比方說，當大家都沒有意見，可以**在會議開始時給大家5分鐘，將意見先寫在筆記本上**，再讓他們發表自己寫的內容，這種發言的方式，難度較低。

此外，在開會前，就讓與會成員知道會議的主題，先讓他們就主題思考，這是一個好方法。假如還是有部屬在會議上沉默不語，就讓大家**兩人一組，先展開約5～10分鐘的小組對話**。

營造「容易發言」的氣氛也是主管的重要工作之一，尤其是在開會中已經被安排任務的人（現場記錄、會議記錄），在會議中很容易保持沉默，開會時也別忘了在適當時機時提醒他們發言。

45 唱反調的人，才是會議的大功臣

我常聽前來參加研習課程的代表說：「最近的年輕人，因為討厭對立的緊張氣氛，所以不喜歡發表自己的意見。」，這代表**「一個看起來關係和諧的團隊，其實毫無成果可見。」**

◉ 處理好「反對意見」，你的團隊就會不斷進步

我想大部分的人都不希望看到對立，可是，世上有各式各樣的人，產生意見對立是很自然的。**問題不是「對立」本身，而是如何面對與處理。**有建設性的「對立」，指的不是「情緒」或「人格」上有衝突，而是互相衝撞「意見」與「想法」。人們常將這兩種衝突混為一談，所以才害怕對立。

同質性高的地方，也就是**一個完全沒有對立的地方，是看不到革新與發展的。**不同的意見互相碰撞，擦出新觀點的火花、激發出新的創意。相似的人聚集在一起很難有所成長，一切的關鍵便在於他們之間少了「對立」的火花。

「意見對立」並不代表爭執、不和，以下是對立帶來的好處：

- 創造一個能夠說出真心話的環境。
- 增進與他人之間的了解，加深人際關係的連結。
- 激發出全新的創意。
- 提升決策力。
- 創造更多新的成果。

對立並不全都是負面的，而是一個團隊與個人在追求成長的路上所必經的過程，因此請將這個論點告訴你的團隊，在開會時鼓勵他們產生「意見上的對立」，當部屬在開會時出現對立時，就可以藉此讓他們了解**「協商5步驟」**的重要性了。

協商5步驟，不傷感情，又能馬上取得共識！

STEP 1 創造彼此能夠說真心話的環境
➡「先聽聽看大家在不同立場下的意見。」

STEP 2 了解彼此的背景與判斷基準
➡「原來如此，難怪我們之間的想法有這麼大的差異。」

STEP 3 找出共同問題
➡「那麼，我們共同面臨的問題是什麼呢？」

STEP 4 找出解決問題的方法
➡「有哪些方法可以解決呢？」

STEP 5 對提出的意見做評論、取得共識
➡「其中最能滿足雙方要件的方法是哪一個？」

不用帶人，部屬會自動成長的
關鍵1句話

★場景❻當開會時——

- [ ] 會議不是為了「傳達」事情而開，
應該是為了「討論」事情而開的！……………（P 166）

- [ ] 「你在會議當中擔任的角色是？」……………（P 172）

- [ ] 「今天開會的主題與目標是？」………………（P 175）

- [ ] 「為什麼無法在會議上發言？」………………（P 181）

- [ ] 沒有對立就沒有革新，
「對立」是強大組織不可或缺的要素。……（P 185）

一起聚餐時，主管要當「聆聽者」

「我只要放假，都會去……。你呢？平時的興趣是什麼？」

46 輕鬆的場合，部屬容易「一吐為快」

職場上有些工作可以一個人獨立完成，導致公司內部的同事們彼此不熟識、甚至根本不知道哪些人與自己同一間公司。

◎現今職場上，員工們彼此關係冷漠

在講求高度專業能力的商業市場上，呈現一種「蛸壺化現象」（指與外界的接觸極少，只待在自己狹小的工作空間裡），使得團隊工作成員彼此之間的關係愈來愈薄弱。

為了在新團隊組成時，增加成員間的認識機會，同時也為了鞏固彼此之間的革命情感，主管必須積極創造一些「**非應酬**」的交流機會。

從前，有些公司會舉辦員工旅行、運動會，或組成不同類型的社團，以期增加員工彼此間的交流機會。可是在景氣不斷惡性循環之下，預算縮減及個人生活模式的改變、多樣化價值觀的影響之下，這種交流機會漸漸減少。

◉加強同事間的聯繫，有互動才有新想法

這裡所指的**「非應酬」交流機會，指的是能夠讓大家侃侃而談的環境**。在這樣的氣氛下，員工能夠將平常難以在公司說出的真心話一吐為快，同時也可以趁機增加同事間的「親密度」，提升各種不同工作情報的共享密度。

這樣的場合，對大腦切換思考模式來說也是一種良性的刺激。在有別於工作的場合中，大腦能夠切換成另一種輕鬆、自在心情，讓說話者能夠放開心胸、放鬆自己，產生不同於在辦公室的新鮮、緊張感。

當然，這也是一個能夠激發員工**新創意**、**新想法**、**新感覺**的大好機會，主管要積極創造這樣的環境，並活用這種交流的場合。

◉聚會、社團、員工旅行，產生共同話題

具體來說，可以先從午餐聚會、小酌、聚餐、歡送會等開始。也可以像社團活動一樣，以「紅酒社團」、「晚餐社團」等的名義，號召、吸引員工前來參加。

至於「娛樂」方面，可舉行運動、烤肉大會、員工旅行等活動。團隊內也可以企劃小型的保齡球比賽、羽球比賽等等友誼賽事，此外，有學習主題的研究會、電影欣賞會和讀書會也不錯。

同事們藉由參加相同主題的活動，可以增加對彼此的了解，也能夠彼此為工作加油打氣。**同時也因為共有「話題」，經由交換感想的過程，互相了解彼此的價值觀。**

不需花太多時間的活動，可以安排在一天工作開始前，或者例行會議之後來個「會後聚餐」也不錯，假如公司內部有自己的社團活動的話，不妨鼓勵員工多多參加。

47 「剛好」一起吃午餐，是瞭解部屬想法的好機會

午餐會或小酌都是很容易營造的「非應酬」場合，「開完會後順便一起吃午餐」、「回家路上去喝點東西」等等。

因為每個人都得吃飯，所以即使一對一或人數少，也不會顯得太唐突，想邀約對方時也比較容易開口。尤其當酒精入喉之後，心情將變得更加放鬆，**有時還可看到對方在職場上未曾表現過的一面，或許還有機會交換彼此較私人的訊息。**

◉ 就算是閒聊，也要有方向

雖然「小酌」聽起來只是喝點小酒，但對主管來說，**這是一個難得能用輕鬆心情與**

部屬相處的時間，所以不要認為只是「剛好」一起喝酒而已，應該讓這次的小酌有實質上的意義。

參加了研習會後，製藥公司的Y所長為了創造「讓部屬成長」的環境，開始試著要更了解團隊的每一個人。因為部屬平時都在跑醫院出外勤，有些人幾乎沒見過幾次面，而當時他也驚覺自己對這些部屬完全一無所知。為了更加了解他們，Y所長便擬定了一個計畫，選擇與部屬一起拜訪醫院後共進午餐。

第二天，他便與一位部屬同行到醫院，並且一起用餐。然而在吃飯時，他卻忘了自己的真正目標，最後與部屬之間的談話就在圍繞著醫院、醫生、部屬推銷的商品與銷售方式中劃上了句點。**他的目標止於「和部屬一起吃午餐」，卻忘了當初真正的意圖是「趁機了解部屬」**。

◉ 不經意談到的私事，可以更瞭解對方

聚餐或小酌時，如果無法確定自己此行的目的，最後只是白花時間在閒談。若是平常和自己比較熟，常一同喝酒的部屬就算了，但如果今天是和一位很難得才能碰到面的

部屬聚會，那就必須先規劃如何在有限的時間內，讓這次「聚餐」發揮最大效果。

「和他分享有關A的情報，並且希望他能理解。」

「為了啟動一個新的計畫，收集有關B的相關資訊。」

「加深與平常互動較少部屬的關係連結。」

面對年紀較長或不容易約出來的部屬時，可以先向對方表示想討論其他同事的工作進度、配合狀況等等。在談話的過程中，如果不經意談到一些對方的私事，也可藉此提升彼此了解的深度。

48 「工作以外，做什麼事最快樂？」聊天的最佳問句

分享個人私事，有助於更了解彼此。首先，你必須了解部屬，將平常他在午休、開會前的閒聊時不太輕易提起的事，在私下聚餐的輕鬆場合藉機全部問清楚。

◉抛出問題後，你的反應將決定對方回答的深度

這時的基本態度就是「傾聽」，**你必須扮演好「傾聽者」的角色**。每次先設定想知道的主題，同時也事先準備2～3個有關私人問題的提問。從回答這些問題中，部屬會漸漸覺得「**我是受重視的**」。

●這些問題，都是深入部屬內心的好問題

「你平常的興趣是什麼？」

「夢想與目標是？」

「為什麼當初想進我們公司？」

「現在工作當中，覺得最快樂的部分是什麼？」

「工作以外，做什麼事情覺得最快樂？」

「學生時代曾對什麼事情著迷？為什麼？」

用心傾聽時，為了引導對方分享更多內心事，留下開心的印象，一定要**適時地做出「反應」**。先想看看，當你和人談話時，對方做出什麼反應，會讓你打開更多話匣子呢？「喔」、「喔，是喔」，以平板的音調說出這種回應，應該無法讓人說更多。用稍微開朗的語氣，略提高音調，說出「喔～然後呢、然後呢？」、「哇！好厲害喔！」、「嗯～那好辛苦耶～」等等的回答，讓對方感受到你對話題內容有興趣。

在傾聽的當下，配合話題內容的表情、聲音的語調、肢體語言等等的反應，都是很重要的。

◉說話量主管3、部屬7，最剛好

但各位主管要注意一點：**絕對不要試圖挖出對方所有私事！當人一旦感覺對方故意探自己隱私的時候，反而會產生不信任感。**多閒聊不錯，但也別忘了營造輕鬆的氣氛。

閒聊的同時，**除了提出問題外，也別忘了分享自己的事**。「打開自己心房」也是向對方釋出「善意」的表現。**至於談話量，部屬「7成」，主管「3成」左右的比例是最理想的。**身為主管，切記絕對不要一個人自顧自地說個沒完。

49 「你今天很安靜耶！怎麼了？」主管要率先動起來

部屬要持續成長，除了主管與部屬間的關係要好，也必須讓部屬之間互相理解，讓他們在良好關係中展開合作。

「了解對方」，指的是了解行為與態度背後的「想法」、「感覺」、「價值觀」及「經驗」。為了能夠與他人有良好的合作關係，必須了解對方身邊的事。

◉主管的工作，是讓成員彼此熟悉

「部屬們是否努力獲得彼此的信任感，團隊內的信任感是否提高？」、「成員間是否互相了解對方的想法，以尊重的態度相處？」請就以上的觀點來觀察，在必要的時候可以藉由餐聚或小酌的輕鬆聚會來協助。

假如有成員出現問題，便請能夠提攜他、提供有用資訊的同事給予協助；假如是新員工，可以問問他的興趣，介紹擁有相同愛好的同事和他認識——**主管必須成為團隊成員間的情感交流橋樑**。

全體員工一同參加的交流聚會，便是一個加深成員間理解的好園地。參加者較多時，必須要把大家分成不同的組別，可以用以下的方式，讓成員們開始聊天：

首先以抽籤的方式決定分組，先隨機抽樣，讓4人為一組。接著請大家以「最近過得如何？」的話題開始聊天。這個話題之後也能和別組的成員聊起，或者讓大家自由換位置。

分組後，成員們的互動還是比較少的話，可以在活動進行到一半時「大風吹」。例如「吹～只喝啤酒的人」、「不愛運動的人」、「戴眼鏡的人」、「男生們」、「女生們」等，可以說出不同的條件來，讓大家換到不同的座位。這麼一來不但充滿娛樂趣味，也不會讓現場氣氛冷掉。

◉主動先和每一個成員打招呼，帶動氣氛

在交流會時，主管也必須自己率先動起來，不要再只是乾坐著等部屬們輪番來敬酒了，你要先站起來向大家敬酒。

不管在哪個場合，主管不只是要開口說說話就好，要讓自己像個「主持人」一樣，盡量到安靜的成員旁，引導他們開口，第一次交流會的目標為「每個人至少要發言一次」。

50 聚餐、生日會，是一種情感交流的必要娛樂

定期舉行增進員工感情的聚餐，或公司外的活動，能夠強化同事間的合作關係。如果是小團體為單位的餐會，頻率約一個月一次，假如是20～30人左右的規模，大概三個月一次就可以了。

◉了解其他部門，增加交流

舉辦交流會的時候，並非全都由主管來張羅與企劃，應該**指派部屬擔任活動負責人**。建議最好由一人以上來擔任，不要只派一個人執行。

例如，若要舉辦聚餐的話，可以將「預約店家與事前準備」及「當天負責串場」的

兩個角色，分別請兩位不同的部屬擔任——最好由當事人自己選擇想負責的部分，讓他們彼此分擔工作。當天的活動企劃也可以讓這兩位同事一起發想，必要的時候主管再加入即可。

兩位幹事的職務最好由平常沒有交流機會的人擔任，這麼一來可能會讓他們激盪出不同的火花，主管想要指派特定人選，或是以抽籤決定都可以。可以邀請其它團隊或其它部門的成員一起參與，甚至可以讓兩個以上的部門一起舉行，也是個不錯的想法。

和許多不同的人接觸後，可拓展工作上的可能性，主管可藉此掌握公司整體的樣貌，以宏觀的角度調整工作內容，以期達到平衡。

●藉由「同吃一鍋飯」的聚會型態，增加向心力

日本有一家主打廣告發訊系統的微告廣告有限公司，就以跨部門的方式導入一種名為「家族制度」的員工相處模式，由3人組成一個團隊，將每個團隊視為一個「家族」，讓他們定期地聚會、交流。經理級的員工做為「父親／母親」，帶著一個名為「○○家」的家族、主管級的員工則為「哥哥／姐姐」、資歷較淺的則為「弟弟／妹妹」。雖然基本概念是「指導老師制度」，但同時也讓他們像真正的家人一樣用餐，互

相傾訴對方的煩惱等等。**藉由「同吃一鍋飯」加強部門間的溝通，也可以補足單一主管力道不夠之處。**

◉製造同事之間的交心機會

交流可以加強同事們心靈上的聯結，鞏固部門間的合作關係，從中獲得更多的情報，而資訊共享的密度也會增高，進而增加整間公司的活絡度。

交流會的負責人創造以上的機會，在會中活動進行時也可以發揮他們的領導才能，所以這也是一種領導力的訓練。就培育未來主管的觀點來看，主管應該適時指派部屬擔任娛樂活動的負責人。

不用帶人，部屬會自動成長的

關鍵1句話

★場景❼一起聚餐時——

- [ ] 「你有夢想或目標嗎？」……………………………（P 196）
- [ ] 「比較擅長、或是不擅長的事情是？」……（P 196）
- [ ] 「為什麼一開始想進我們公司？」……………（P 196）
- [ ] 「除了工作以外，
做什麼事的時候最快樂？」………………………（P 196）
- [ ] 「學生時代曾對什麼事情著迷？」……………（P 196）

部屬失敗時，「自省」比「責備」更有效

「這一次進度不順利，你認為下次該怎麼做呢？」

51 「為什麼會犯這種白痴錯誤啊？」這是最笨的斥問法

主管必須有接受部屬失敗的度量，也就是說，主管該看的，**應該是過程中的積極度，和獨立處理事情的能力**。假如部屬行事積極，卻仍然失敗了，就不要太苛責，為他積極的態度給予高度評價。

◉失敗，不代表一輩子的挫折

另一方面，假如部屬因為隱瞞小錯誤，最後導致嚴重後果，絕對不要當著大家的面責備他。假想殺雞儆猴，故意把他叫來辦公室臭罵一頓，除了降低他的工作動力外，一點好處也沒有，而且其它的成員也可能因此受到影響，在工作時退縮，最好在大家不知道的時候將該部屬悄悄叫到不明顯的地方，稍微提醒他該注意的地方就好。

我曾主持過一場幹部領導能力研習課程，對象是大型金融公司的部長們，在課程中，為了培養大家的領導能力，需要以團隊為單位進行活動，我請參加者在團隊內決定一位當隊長，大家互相對看，互相推託，完全無法決定人選。

最後，由前輩直接指定團隊內一位年紀較輕的成員成為隊長。之後在課程中，每當有事情必須大家一起討論，或者我向參加者們提出問題時，場上都一片靜默。

◉會升遷的人，絕不是「聽命行事」的乖乖牌

這些人就是將來要掌管大企業的人嗎？我感到十分不舒服，所以我詢問了該公司負責安排研習課程的人，他回答：

「我們公司是由主管做決定，下面的人只是執行而已，因為失敗的話必須付出很大的代價。尤其當上面沒指示，自己卻擅自行動時，一旦失敗的話，未來就沒有翻身之地了。只有乖乖按照高層的指示去做，才能安然無恙的出人頭地。」

這可說是各大公司內的現況，大部分的員工都認為，「**失敗的話會影響升遷**」，在缺乏挑戰的環境和衝勁之下，根本無法培養主管的領導能力。就算必須付出的代價並不大，光是想到「會被主管責備」，就讓部屬失去工作動力，甚至失去了成長時所必備的「決心」。

「為什麼會犯這種白痴錯誤啊？」「為什麼沒注意到這個細節？」主管絕對不能說出這種憤怒、激動的氣話。「為什麼連這種事都做不好?!」這種口吻用詞，會讓人感到「發話者現在很不耐煩」。

52 「給我負責！」和「由我負責」不一樣

讓部屬自發地對工作產生責任感，也是主管的重要工作之一，可是，這裡指的「責任感」，並不是叫主管一味地將工作推托給部屬。

◉讓部屬看到，主管「為他」負責的態度

「我必須做得更好……」、「我一定要成功……」，工作責任過重的話，部屬的壓力會一直揮之不去，最後導致他容易在重大抉擇時感到緊張、畏縮。假如把所有工作責任推給部屬，當必須下重大決定時，他將因為沒有人聲援的孤獨感，與自我防衛本能運作的關係，無法當機立斷地做決定。

希望主管都能有說出以下這句話的魄力——「團隊的一切都由我來責任。你完全不

用考慮結果，放膽去做！」，只要讓部屬看到「所有責任都在主管身上」，自然就會認為「只要積極的做事，就不用怕被主管罵」，自然會開始往正確的方向努力，用積極正面的態度工作。

主管最重要的角色，就是「保護部屬免受責難」，保護部屬，創造一個可以讓他們充分發揮實力的地方，主管要記得，「你給我負責！」、「因為你們犯錯，我才被部長罵」，這種沒有建設性的謾罵方式，絕對禁止說出口。

◉「都是你的錯！」，說這種話的主管無法信任

某家中小企業的製造部長F先生，曾和我提過一個推卸責任的實例：

F部長常往來的客戶A先生，做事乾淨俐落，而且人緣也很好。有一次因為A先生的一點小錯誤，生產線幾乎停擺了半天。A先生和身為主管的T課長一起來賠罪。在賠罪時，T課長當場把A罵得狗血淋頭：「就跟你說這樣子做行不通啊！」、「我平常不是就跟你講了嗎？」、「真的是一個辦事不牢的傢伙耶！」。因為看A先生實在太可憐

了，所以F部長也沒辦法對他生氣。

主管「絕對」不可以在顧客或自己的主管面前責備、或將責任推卸給部屬。當部屬犯了錯，造成同事、合作對象的麻煩時，應該和部屬一起向對方低頭認錯，你的態度與發言將獲得同事與合作廠商的信任，部屬也會告誡自己，「以後絕對不可以再造成主管麻煩了！」。

53 責備10句話，不如1句「下次加油」

當你自己在工作上遭受失敗時，你希望主管的反應是什麼呢？我想你自己心裡也十分清楚，與其聽主管挑三揀四的責備，不如一句「下次加油」的打氣來得振奮。

◉ 讓部屬負責到底，也是一種學習！

安慰部屬「碰到問題或失敗都是理所當然的」、鼓勵部屬「從失敗經驗中學習才是最重要的」。絕對不能因為失敗，就把原本交待給部屬的工作收回。即使造成客戶麻煩，也不能輕易地換掉負責人——**有時候，主管必須學會忍耐。**

日本職棒「橫濱DeNA海灣之星」隊的教練，是曾在1998年帶領球隊獲得冠軍的權藤博先生，他時常提醒自己：「不急於眼前的勝利，必須忍耐，慎用選手。」就算先發投手在第一局大幅掉分，他也不會立刻把先發換下場，就算戰況不利，還是繼續忍耐，**讓投手自己突破瓶頸。**

當然，比賽的勝負是總教練的責任，但他也會讓選手們擔起應有的責任感。**他總是告訴球員，「被對手拿走分數的是你，所以你必須負責到最後」**，在傳達這個訊息時，他也讓選手知道，如果今天輸了，你也必須對失分負責，因為失敗是成長的必經之路。

假如未曾經歷過一次的失敗，是無法獨當一面的。**你應該擔心的不是「部屬的失敗」，而是部屬因為失敗，而不敢接受新的挑戰。**不挑戰，就等於失去了成長的機會。

◉ 曾經失敗的人，才會表現得更好

在一場研習課程當中，能成功達到目標的隊伍及無法成功達到目標的隊伍相較之下，兩個團隊之間的氣氛相差十萬八千里。因此在我們活動結束後的反省時間內，團體導師會問大家：

「很可惜，在有限時間內沒能達成目標。各位說說自己現在的心情如何？」

當未能達成目標的團隊成員開始說出「很不甘心」、「沒有成就感」的心聲時，也開始談論起具體的改善方法了。這時候，團體導師會接著說：

「你們這個團隊真的很幸運！正因為失敗了，所以可以學到更多！」

將失敗的隊伍和成功的隊伍做比較的話，**通常失敗的一方較能提出許多具體的改善方法。**事實上，失敗一方在下次的行動中往往會有比較出色的表現。因為他們不想重蹈覆轍，「新的失敗」也是一個學習機會。主管可以鼓勵部屬多多嘗試新的挑戰，從更多的學習中獲得成長。

54 「哪裡出問題？」讓他自己思考

以積極的態度面對失敗是很重要的，如果一直重蹈覆轍，就是不夠格的表現。因此，不要責備部屬的失敗，就保護部屬的層面來說，主管必須做的是**不要讓他們再重蹈覆轍**。

當部屬失敗時，你要做的不是指出他們失敗的原因，也不是教導他更厲害的做法。**最好的方法，是讓他們自己思考，主管從旁協助找出解決方案。**你可以依循以下的步驟，引導部屬從失敗走向改善之路。

◉【步驟❶】讓他自己說，比主管說教更深刻

首先設定談話的目標，這個目標不是說教，而是「追求成長並改善」，同時也藉此

緩和部屬的不安感。接著再確認他失敗（犯錯或未完成）的狀況，並詢問他的看法，「你覺得哪裡沒做好呢？」、「哪裡出問題呢？」讓他發現問題。

同時也讓他思考，因為自己的失敗，可能會對周遭同事或團隊的工作表現帶來什麼樣的影響。假如本人遲遲沒有發覺的話，主管可以在最後給予建議。

◉【步驟❷】用開放問句，給他思考空間

失敗的原因是什麼？請注意聆聽當事人的發言。「為什麼會發生這個問題呢？」、「是不是有什麼主要原因？」、「你覺得根本原因是什麼呢？」只要使用「什麼（what）」、「為什麼（why）」、「怎麼做（how）」的開放問句詢問部屬，就能讓他用更大的格局思考。但主管切記，絕對不能用質問的口氣，而是營造「我們一起來思考」的氛圍。

◉【步驟❸】給他第二次機會，把事情做好

為了提升工作表現，可以問他之後想怎麼做，「那麼，你覺得應該怎麼做才好呢？」讓他自己思考改善的方法。**盡量讓部屬握有主導權**，適時拋出一些問題，「為了下次的成功，你覺得什麼是必要的？」、「你覺得該怎麼做，才能將自己的想法實際化為行動呢？」，同時具體地決定什麼該立刻執行、何時該執行等等。

部屬的成長或團隊的成長，**「找出問題」與「解決問題」**是必經的重複過程；一定要給部屬第二次的機會，再一次檢視自己的做事方法。

不用帶人，部屬會自動成長的
關鍵1句話

★場景❽當部屬失敗時

□ 「團隊的一切都由我來責任。
別考慮結果會怎樣，放膽去做！」……………（P 210）

□ 「遭受失敗的你很幸運，
因為從當中可以學習很多事情。」……………（P 213）

□ 「我們一起來思考失敗的原因，
及該怎麼改善。」……………………………………（P 216）

□ 「你覺得為什麼工作會進行得不順利呢？」
……………………………………………………………（P 216）

□ 「為了追求下次的成功，
你認為什麼要素是必要的？」……………………（P 216）

部屬成功時，讓他記住「方法」和「喜悅」

「做得太好了！這次成功的關鍵點是什麼？」

55 「謝謝你完成這件工作！」挑動部屬的自信心

每個人內心都希望能夠受到別人的尊重，身為主管的你，為了挑起團隊成員的自尊心、提高他們的自我肯定感、培養他們積極的態度，在部屬的工作表現十分出色時，一定要為他們的成功喝采。

◉「感謝」和「讚美」，是維持動力的訣竅

為了挑起部屬的自尊心，「感謝」與「讚美」是兩大重點。「感謝」不能只默默放在心裡，必須將感謝的心意化為語言及有形的表現。

「雖然這個案子十分難做，但你還是成功辦到了！謝謝你！」

「托你的福，我們的團隊風氣變得十分積極！謝謝你！」

先說出「謝謝」兩個字十分重要，「感謝」能夠將所有人帶入正面的氣氛中，主管要習慣將這二個字掛在嘴邊。

另一方面，「讚美」則表示認同當事人或他的行為，或者他達到的成果。**為了維持部屬的高度工作動力，時常讚美也十分重要。**

對部屬來說，當自己用心的表現獲得讚美時，那種快樂是無法言喻的。主管要隨時掌握部屬平常對哪些工作特別用心、花時間在做。

◉簡單說：「很棒」，就能有很好的效果

為了讓部屬自動成長，「讚美」是一種十分有效的溝通方式。假如行動的結果與過程受到讚美，就會萌生「再做一次！」的念頭；相反地，假如結果與過程無法受到認同，即使做對了，當事人也不會想再做第二次。

有些人可能自認不太會讚美別人，其實很簡單，**剛開始只要說「做得不錯！」、「不錯喔~」、「有你的！」等等，只要簡單的一句話就可以了。**只要習慣讚美別人之

後，除了成果之外，過程或具體的行為表現等等，也都別吝惜給予讚美。

不過，讚美也不要太輕易說出口，假如說的時間不對，反而會讓部屬開始懷疑：主管真的有在看我做事嗎？

當部屬完成一件大事時，假如沒有人適時跳出來讚美，他的成就感會立刻消失，下一次就不會想再更努力了。尤其當他剛到任新職位，或執行新任務時，更要增加讚美的頻率。為了部屬日後的成長，主管平常要不吝於表達感謝，並大方讚美他的表現。

56 「你覺得這次為什麼會成功？」一起和他思考成功原因

有一次，我在課堂上提出了一個主題是「主管讓你印象最深刻的言行？」，有一位W先生分享了他的親身經驗：

◉ 成功後大肆慶祝的人，下次就很難做好了！

有一次，當我們為某個技術開發專案的成功欣喜若狂時，主管問我：「**你覺得是因為哪個部分做得順利，才獲得成功的？**」

當時我十分吃驚，並沒有多想，只是覺得：「反正就是成功了，哪個部分做得好有什麼關係？」。於是回答：「誰知道為什麼呢？」

當我以隨便的態度回答後，反被主管唸了一頓：**「那麼，當你下次再遇到同樣狀況時，你就不知道會不會像上次一樣順利了，不是嗎？」**

因為主管的這句話，W先生開始意識到「做看看結果成功了」、「結果好就好」的心態是不行的。從那時候開始，W先生開始深入思考事情成功背後的關鍵原因，他的專業技術也日益增進。直至今日，他仍然感謝當時的那位主管。

◉想當職場明星，要知道怎麼維持好成績

許多人在順利完成工作後，不在乎成功背後的原因。可是，**主管想提高部屬的成功率，一定要問他成功的關鍵原因，同時聽聽當事人的想法。**讓部屬深入思考後，用自己的方式說明，這時主管要和他一起討論原因，讓他了解到這一次是怎麼把事情做好的。

「毫無章法的努力，最後還是成功了」——在這樣的例子當中，就算「成功」本身是有價值的，但部屬從這次的經驗中只能學到：「就算毫無章法的誤打誤撞，最後還是會有辦法的。」，下一次就無法奢求他還能有穩定的工作表現。可是，假如能夠思考成

功的原因，付出相同的努力，就能獲得比之前更好的成果。

◉成功一定有公式，找出自己的並套用

成功不是「偶然」，背後一定有理由，請讓部屬知道成功是必然的，當成功的經驗愈來愈多時，也可以深入觀察他的真正實力。

引導部屬思考成功原因的時候，只要提出以下3個簡單的問題：「為什麼事」、「什麼事」、「如何做」，就能開拓他的思考格局。

「哪個部分做得很順利？」、「達成的成果是什麼？」、「怎麼達成的呢？」「你特別努力的部分是哪裡？」、「為什麼你當初會想那麼做呢？」

適時支援部屬，明確地讓他知道自己成功的原因，藉此提高日後成功的機率，正是主管的重要工作。

57 「怎麼做，才能完全發揮你的能力？」引導部屬火力全開

當部屬接連有好表現時，主管不要只「讚美」，還要記得「感謝」。如果讓他**一直滿足於相同的成就感，成長之路就會開始停滯**。

為了幫助部屬自我成長，必須讓他主動發現新的挑戰。當他確實面對並且獲得成功之後，主管要協助他提升自己的能力，同時讓他累積更多的經驗，以期表現更進一步。

◉總是給部屬同樣的任務，主管只會得到「熟練工」

「你覺得怎麼做，才可以完全發揮你的能力呢？」主管要讓部屬思考，今後要怎麼做，才能將自己的優勢發揮在更多地方，同時也確認哪些領域是能夠讓他發揮所長的，

並請他自己設定未來的成長目標，這時候你也不要忘記從旁給予協助。

日後當部屬主動想負責某項工作的話，先設定要他回報進度的時間，接著在各階段給予適當的支援。對於主動接下新工作的部屬，當他做出一定的成果時，主管記得不吝給予讚美。

引導部屬思考自己的下一步，可以讓他主動發現自己不足的地方，因為工作表現愈好的人愈容易錯過這個機會。

對表現好的人標準寬鬆，是害了他

擔任外商保險公司分店長的N先生，有一位連續3年皆創下分店第一名業務記錄的部屬L先生。L先生很自豪自己的好成績，和同事相處時難免用鼻孔看人，也常缺席公司內的會議，十分缺乏團隊協調性。

可是，N分店長卻只看L先生所做出的業績結果，完全沒有帶他一起思考如何改善與同事間的相處狀況。結果其它團隊成員漸漸的對L先生感到不滿，不但L先生的評價愈來愈差，身為主管卻無法指導部屬改善的N分店長，最後自己也失去了團隊成員對他的信任。

如同上面這個例子，**主管在面對表現優異的部屬時，即使知道他應該加強哪些地方，卻往往十分難開口。可是若一直放任不管，好的部屬根本無法更上一層樓。**

好的工作表現除了建立在高度的自我成長要求之外，也很需要旁人適時的建議。主管讓部屬了解，改善自己的弱點，可以創造出更多成功的結果。若想針對部屬某些不妥當的做法提供建議，主管要盡可能提早行動，如果發現已經確實改善的地方，也要立刻給予讚賞。

58 「你做得真棒！」維持部屬對工作的好感覺！

有很多方法可以引發一個人的工作動機，至於什麼人適合用什麼方法，就要靠主管的觀察和智慧。

◉ 9個關鍵要素，引起部屬的工作動力

當「工作順利進行」的時候，就是引發他工作動力的最好時機。在這個機會點下，主管可以和部屬討論，找出是什麼原因引發他們的動機，以及為了讓部屬維持工作動力，主管應該做些什麼。引起工作動機的關鍵，有以下9個要素：

❶ **肯定⬇表現自己肯定、支持的態度。**請打從心底感謝部屬在工作上所付出的貢

獻及做出的成果，讚賞他的優點、認同他的努力。在同事、尤其是高層主管或老闆的面前，表現自己支持部屬的態度。

❷ **建議⬇持續不斷地給予建議。**確實掌握工作順利進行的原因，以及應該改善的地方，並確實表達自己的建議，也要將周圍人給的建議和反應傳達給當事人。

❸ **團隊合作及歸屬意識⬇給他在團隊內與大家合作的機會。**增加私底下的交流，獎勵雙方往來的溝通模式，尋求部屬的想法，並分享、傾聽。

❹ **責任⬇將他視為一個專業工作者。**讓他參加重要的會議，參與決策，並慢慢減少在旁觀察的次數。

❺ **潛能開發⬇幫助他發現自己的能力。**與部屬討論，怎樣才能幫助他提升自己的能力。讓他去上適合的進修課程，增進自己的技術。

❻ **挑戰⬇讓他擔任有挑戰性的任務。**設定較高的目標，透過挑戰激發他的潛能，期待的得失心不要太重。

❼ **成就感⬇讓他看到公司未來的藍圖**，並告訴他在未來會扮演的角色，讓他知道自己對公司或團隊戰略的貢獻。

❽協助➡提供他為達成目標時所需的幫助，給予適當的資源和指導。在愈棘手的情況下，主管愈要盡可能提供協助。

❾自主性➡由他決定目標、分配時間、決定工作的方法，同時讓他選擇要合作的同事。主管要協助小組決定工作的優先順序，鼓勵成員發言，如果他們提出計劃時，要確實的列入討論項目。

◉表現失常有時無關能力，主管要確實了解

除了以上的內容之外，像是「**工作的多樣化**」及「**家庭與工作之間取得平衡**」等等的需求，也會影響部屬的工作動力，**如果能夠考慮到這些需求，就能夠提升他的工作表現**，還可以讓他主動想接其他的工作，同時產生責任感。

以下的表格綜合第8章和第9章的內容，可用來檢視部屬失敗與成功的關鍵，進一步找出他們的工作動機，維持讓部屬工作順利的模式，或者趕快加以修正。

檢視失敗與成功關鍵，找到引發動力的要素

部屬的名字：
❶ 執行順利的部分 / 執行不順利的部分
❷ 原因是？
❸ 下次採取相同行動時該怎麼做？
❹ 引起動力的關鍵要素？（圈出來）
肯定 建議 團隊工作及歸屬意識 責任 潛能開發 挑戰 成就感 協助自主性 其它（ ）

不用帶人，部屬會自動成長的關鍵1句話

★場景❾當部屬成功時──

- □「謝謝你完成這項困難度那麼高的工作，謝謝！你真的做得很棒！」……（P 221）
- □「你覺得這次是哪裡最順利呢？」……（P 224）
- □「為什麼當初會想那麼做呢？」……（P 224）
- □「怎麼做才能將你的能力發揮到極致呢？」……（P 227）
- □「什麼事可以再更激發出你的鬥志？」……（P 230）

專案結束時，檢討、分享要用「說」的

「回頭想想過程，你給自己打幾分？」

59 「我們回頭來看整個企劃。」幫助他自我思考

我主持的研習課程當中，常常以團體為單位，找出解決問題的方式，活動後一定會「檢討」。檢討的時候，不是只詢問大家「好不好玩」，或者傾聽大家「成功了！」、「最後沒有成功真是不甘心」等的感想，**我們會把焦點放在「成功的原因」上**。

◉ 老是被動等人教，學不到東西

所謂的「學習」，指的不是被動地接受別人給自己東西，應該是「自己從經驗中找到教訓」才是。一位學者——柯柏（Kolb），曾提出「經驗學習模型」，根據這個模型所示，人是透過以下的循環而不斷學習的：

❶ **經驗**：當事人實際的體驗。

❷ **省察**：從多樣化觀點出發，找出對自己有幫助的經驗。

❸ **成功模式**：在任何狀況下都能運用的方法。

❹ **實踐**：經自我省察後，嘗試正確的做法。

比方說，有一位業務員向顧客提了好幾次提案，但都沒有成功。他應該要先「檢視他的工作」（經驗），回顧為什麼會失去訂單（省察）；接著他會注意到原因出於「當初沒有注意到客人的需要，只在意自己的業績如何」這個點上，於是他得到了「檢視（省察）」及「獲得教訓」（成功模式）的經驗，因此當他再次提案時，他會將這次的教訓放在該次的案件上（實踐）。

按照這樣的經驗成長循環，就能避免重蹈覆轍，但其實最重要的是「檢視」的步驟。**只要讓部屬把「自省」視為習慣後，就會自然的順著「經驗成長循環」，讓自己從過去經驗中學習、成長。**

檢討不是找戰犯，要以「團隊」為出發點

在計畫結束後，請盡量**給予部屬「檢討（回顧）」的機會**，不以個人的立場為出發點，而是以團隊的規格來執行。可以參考下頁圖表的「團體檢討流程」，進行自己團隊的事後檢討。

團隊在檢討時，**最重要的就是把心裡所想的話說出來。**有些計畫從結果看來十分完美，但在執行的過程可能會出現許多磨擦、溝通不良的地方，假如能在檢討時當面說出這些狀況並確認，成員們就能獲得新的發現和教訓。

回顧自己的做法，就是「自我思考」

同時，**將內心想法用語言表達出來，能夠訓練一個人的自主性**，對於日後的團隊活動能有更具體的幫助。為了讓日後的團隊工作能夠更順遂，在檢討時最好讓在場的每一個人輪流發言。

某位前來參加管理職研習課程的主管，將這個「回顧計畫」的方式導入團隊後，原

本不會自己思考的部屬也變得開始有自己想法了。他表示，「因為團體內的討論，讓部屬有了全新的觀點」。

固執的觀念無法靠自己改變，**在團體內先培養檢討工作的習慣，接著主管就可以加速部屬的成長循環速度了。**

結束一個專案後，團隊成員檢討工作內容的流程

讓大家發表感想

這次專案結束之後，你感覺如何？

▼

讓團隊成員寫下感想

▼

讓2～3位成員共同分享一個感想

▼

讓整團隊的人一起分享感想

▼

全體一起共享感想

▼

確認今後團隊、成員課題

▼

確認接下來的後續

60 「這次的專案，你給自己打幾分？」培養部屬自評能力

以前我曾在一間大型製藥公司擔任顧問，當我調查業績優秀的MR（醫藥情報負責人）後發現，他們在工作結束後，一定會回頭檢視工作狀況，**以具體的標準來評定自己的行動，同時將自己不足的部分補足。**

◉只想著業績數字的人，一輩子聽人命令

他們的想法是，「這次因為醫生的學會發表時間快到了，所以能夠順利取得資料，今後最好也要將醫生院外活動的行程表事先查好」。另一方面，**業績成績較不好的MR則只是拘泥於「業績上升、業績下降」的結果論**，無法事前掌握自己的業績是好或壞。

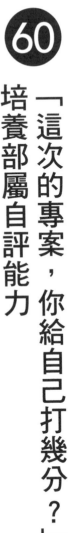

從經驗中學習的人，在回頭檢視自己的工作時，絕對不會只在乎結果，反而著重於過程。**「結果」無法選擇，但到達「結果」前的行為模式是可以選擇的。**

◉培養部屬自評力，4個方向拋出引導問題

檢視時可以以「客觀」與「內省」的方式來進行，主管也可以藉由拋出問題來引導部屬。

首先，所謂的「客觀」指的是「如何客觀地看待一個團隊」。以團隊來說，運作順利的部分是哪裡？哪些部分是需要改善的？這些都必須仔細思考。在思考時可以依據以下4個方向：

❶**方向性：**團體的目標與目的是否相當明確？全員都知道目標嗎？

❷**角色定位：**成員所扮演的角色與工作分配適當嗎？團體宗旨是什麼？成員彼此間的協調性如何？

❸**過程：**決定作戰方針時的過程是否圓滑？什麼樣的溝通模式最適合用來解決成員間的問題？

❹**關係：**成員間的信任關係如何？是否屬於開放且接納型的？

◉部屬先自評，主管更能掌握每個人的做事方法

另一方面，所謂的「內省」指的是「檢討自己的處理方式與態度」。工作本身的價值、新加入的部分、和同事之間的關係、手邊有的資源、察覺到的事物……等等。當然，是否遵守團體的「行為準則」這一點也很重要。

檢討執行過程時，先讓部屬自我評估，讓他們在事前整理自省的重點。接著再找出成功或失敗的原因，並訂定改善計畫，同時將這些資訊與其他團隊成員共享。

與其讓成員們一個一個向自己口頭報告，不如讓他們先做自評，讓部屬們降低被管死的感覺，同時**也較能個別掌握每個人做事的方法及處理態度。**

為團隊的整體能力打分數，評估何處可改善

	分數（5 分滿分）	做得很棒的點	做得不順的點
方向性			
角色定位			
過程			
關係			

●讓部屬先自評，你可以知道他的工作態度和想法。

61「分享成敗經驗，我們是最強團隊！」

團隊在回顧與檢討時，正是讓團隊成員共享成敗經驗的機會。共同享有成功的喜悅，可以讓其它成員複製成功經驗，同時也成為良好的示範；失敗的案例則可以**協助團隊改善缺點**，以下是兩個有共享與未共享成敗經驗的例子：

◉先檢視過去的計畫，從中找到成功要點

業務企劃部的A先生負責分店的協助業務計畫，因為他檢視了過去已執行的計畫內容，在開始擬定協助計畫之前便與業務負責人接洽，不但獲得了優良客戶的相關情報，也與業務負責人建立了良好關係，在導入計畫的時候也親身參與。因此他最後十分有自信、並成功的執行了計畫。

◉不敢坦白錯誤，其他成員因此重蹈覆轍

系統部的B先生在導入某套系統計畫的時候，把工作交給了製造商來執行，因為他的計畫十分籠統，導致最後無法如期交貨，預算也大幅透支。主要的原因是製造商這邊並無準確地掌握顧客的需求。

幾天後，B先生也從主管那邊聽到C前輩也在別的計畫當中犯了相同的錯誤，最後導致計畫失敗。或許，只要他們及早知道問題的話就不會重蹈覆轍了。

◉與其要求「做好」，不如讓他見賢思齊

人可以從「經驗」當中學到許多，除了自己實際體驗的「直接經驗」之外，**透過觀察別人、聽取經驗、接受建言的「間接經驗」，也十分寶貴。**尤其是當自己聽到別人的成功事例時，也能夠激起「我也能辦到！」的鬥志，腦海中可能還會冒出一個假想敵，想跟他一決高下。

這時候，主管若能更進一步肯定、鼓勵團隊成員，就能讓他們覺得「一定能辦

到！」，若能夠激發出這種鬥志，那麼團隊就能信心滿滿的執行計畫。

成敗經驗應該由團隊成員共享，**累積團隊的「經驗」，就能夠進一步鞏固團隊的基礎**，絕對不可以認為麻煩而不做。

62 主管不指揮，部屬才會思考並成長

為了看到部屬顯著的成長，除了定期的面談之外，在一個計畫或工作結束後，必須確認如何增強他的能力。檢討影響工作表現的原因，並給予部屬有效且適切的建議。一般來說，影響工作表現的相關要素有以下3個：

◉檢討影響表現的3個要因，確認日後如何改善

● 【原因❶】能力還須加強

為了提升部屬的工作表現，**先確認他是否需要學習其他技能、還是必須就特定項目進修**。假如工作能力必須透過教育訓練來提升，主管要和部屬討論什麼方式對他最有效。

如果需提升的能力和日常工作內容相關，可以採取以下的方式：

・在教育訓練時給予協助。
・以前輩們做模範，讓他練習需要提升的重點技能。
・透過定期職務輪替，或工作分工的方式，提供部屬活用技能的機會。
假如和一般日常業務較無關聯：
・讓他參加研習課程與教育課程。
・針對希望他增進的技能，開設相關的網路學習、自習、讀書會、研究會等活動。
・讓他與經驗豐富的同事討論或舉辦讀書會。

●【原因❷】工作動機的高與低

工作動機會受許多原因所左右，進而影響工作熱情與責任感。為了讓部屬維持動機，必須找出所有可能影響的原因。
・有許多矛盾的要求，讓部屬感到壓力過大時➡幫助他決定工作的優先順序，同時從旁觀察是否需要協助。
・部屬找不到感興趣的任務，或者覺得工作內容太輕鬆、簡單而感到無趣➡分派富有挑戰力的工作。

・希望部屬持續成長、獲得良好評價⬇增加讓他學習認如何同別人、感謝、回饋的機會。

加強工作動機的方法有千百種，主管要找出適合自己部屬的做法。

●【原因❸】對工作的專注力

除了職場上的問題以外，家人生病、經濟……等等，都可能影響到部屬整體的工作表現。假如是私人問題，主管可以用適當的方法從旁協助：

・讓部屬休幾天假，給他足夠時間處理問題。

・多和他談談，**仔細傾聽**。

・可視情況而定，向公司內部的專家或人事部門尋求良好的建議，給予支援。

創造一個能夠讓部屬發揮所能的環境，是主管的責任。主管絕對不是站在前面說「這麼做！」、「那麼做！」就好了，應該先讓部屬自己思考「該怎麼做」，接著再陪著他確實地朝目標前進。

不用帶人，部屬會自動成長的

關鍵1句話

★場景⑩當一個專案結束時——

□ 「我們回頭檢視一下整個計畫。」……………（P 236）

□ 「以客觀地角度檢視團體，
自評打分數看看？」……………………………………（P 240）

□ 「你當時的做事方法和態度如何呢？」……（P 240）

□ 「共享成功與失敗經驗，
變身為最強的隊伍！」………………………………（P 244）

□ 「今後為了讓你發揮更高的能力，
關鍵的因素是什麼？」………………………………（P 247）

成為讓部屬想追隨的主管

主管的性格，是部屬「自動成長」的關鍵

如果在你心中，有個值得追隨的目標，**「我想像那個人一樣」的想法，能夠為你創造許多積極的能量。**在職場上，你得讓自己成為「部屬想跟隨的對象」，如果你不能對未來充滿活力的話，部屬的內心也無法充滿活力。

◉有夢想的人，心情就能保持積極正面

怎麼做才能讓自己平常就對生活充滿熱情與活力呢？最重要的就是要有「夢想」。或許聽起來可能有點孩子氣，但「夢想」能夠產生莫大能量。

有些人可能聽到「夢想」這兩個字就覺得有點不好意思，其實你的夢想不一定非偉大壯闊不可。問題不在於夢想的樣貌或規模，而是當事人如何看待自己的夢想。不管是

工作相關的事情也好，關於自尊也好，**只要能夠勇於嚐試喜歡的事物或困難的事情，心情就能變得積極、正向。**

當人在腦海中設定了某個目標或夢想時，大腦就會變得十分活躍，這正是我們抱持夢想的目的。拼命想完成某件事的心情，可以給予大腦良性刺激。除了自己本身的希望之外，為了別人做些什麼、為了社會做些有益的回饋等，「被大家所需要」、「有自己應盡的使命」等，活在這樣的情緒下，才能找到自己的存在意義。

◉懷抱更高的信念，追求它

夢想當然不是為了部屬成長而抱持的，**你自己本身也必須有一個充實且有意義的人生。**《超譯尼采》一書中，其中關於《拉圖斯特拉如是說》（Also sprach Zarathustra）的說明如下：

「不要拋棄你的理想。不要拋棄靈魂中的英雄。

每個人都希望往上爬。每個人都有理想與夢想。絕對不可以讓它成為過去、青春期之回憶，絕對不能讓它變成一種『懷念』的想法。直至今日，你仍然不能拋棄自己想往上想法。

不知不覺將所有理想與夢想拋棄的話，將成為時常把理想與夢想掛在嘴邊之青春人士口中的嘲笑對象。最後，你的心只會住滿了悔恨與嫉妒，內在開始混濁。你所有想向上努力的力量、克己的決心都將一起被丟棄。

為了好好活下去，也為了不讓自己蒙羞，絕對不可輕易拋棄自己的理想與夢想！」

好主管，用「品格」帶人

你認為什麼樣的主管，會讓部屬想跟隨？

根據《值得信任的領導能力》的作者詹姆斯・酷斯（James M.Kouzes）和巴利・波斯那（Barry Z. Posner）所說，「你是否擁有『讓員工願意跟隨』的魔力？」，這個「魔力」，就是「信任感」。

◉誠實、積極、熱情……這種個性，部屬樂於跟隨

他們針對「什麼樣的人，你會歡喜地接受他的指示行事？」主題做了一個大規模調查，大部分的答案都是**「誠實的人」**、**「積極的人」**、**「會讓我產生期待感的人」**等，都跟**基本的人格特質與行事態度有關**。當然，關於業務或專業性工作來說，前幾名的答

案分別如下：「**誠實**」、「**寬宏大量**」、「**熱情**」。從調查結果可以發現，和人格有關的內容，會大大影響管理階層的領導魅力。

為了成為一個有領導魅力，能夠讓部屬甘願跟隨自己的主管，提升自己人格還是最重要的一步。光只有工作能力優秀，尚無法成為一個受到部屬信任的主管，請努力提高自己的「人格魅力」。

◉用實際行動增強你的領導魅力

那麼，要怎麼做才可以提高「人格魅力」呢？

「注意你的思想，他們會成為言語；

注意你的言語，他們會變成行為；

注意你的行為，他們會變成習慣；

注意你的習慣，他們會變成個性；

注意你的個性，他們會變成命運。」

——法蘭克・特羅（Frank Outlaw）

《領導能力之行動泉源 DISC與SLII之能力開發法》

「人格」是看不見的，「人格」高或低會從言語及行為傳達出來。為了養高度「人格」，必須擁有**利他**的精神。

人都會做一些讓自己快樂的事情，藉由「幫助到某人」、「獲得某人感謝」等的回饋可以從中感覺自己的價值，甚至找到生存的意義。你該認真地開始思考這些問題：「所謂的『誠實』是什麼樣的行為？」、「什麼樣的言行是『積極』的呢？」

「可靠感」，從外在印象開始

「印象」有時比「本質」的影響力還大。想成為一個獲得大家信任的主管，當務之急是必須成為一個「可靠的人」，而這個重要性遠大過你的想像。究竟怎麼做可以讓自己成為一個「可靠的人」呢？我來舉出3個具體的例子：

◉可靠感❶將周遭環境整理乾淨

達文西曾說：「要看一個人的靈魂，就看他的房間」，一個房間雜亂無章的人，是否大腦也是一樣雜亂無章呢？書桌周圍，衣櫃裡、包包裡面、電腦硬碟、收件匣等，請從這些地方開始整理。藉由整理環境，可讓大腦思緒變得更清楚。

◉可靠感❷注意自己的打扮

雖然有句話說「人不可貌相」，但很遺憾地，大家幾乎都是用外表來判斷一個人。比方說，穿著不合身的外套，打著皺巴巴的領帶的經營顧問，跟別人說「交給我就對了」，請問你能信任他嗎？不乾淨的外表，也會降低別人對你的信任程度。出現在別人面前時，請記得要隨時維持得體、清潔的打扮。

◉可靠感❸最基本的禮貌：守時

「時間就是金錢」，金錢可以拿得回來，但時間卻一去不返。與客人面談或與部屬開會時，「守時」是最基本的禮貌，有效率地利用時間，可以完成更多事情。

除此之外，請同時參照264頁的「可靠度檢視清單」，重新思考怎麼做可以讓自己成為一個「可靠的人」。為了讓部屬成為一個「可靠的人」，主管自己必須率先做榜樣。

「最重要的事情不是『活著』，而是有意義地『好好活著』。」

——柏拉圖（Platon）《解析蘇格拉底・克裡托篇（Crito）》

「健康」很重要，無法平白得到

應該不會有人否定「健康比什麼都重要」這句話，但出乎意外地，卻有很多人不為自己的健康付出努力。

◉注意身體健康3要素：運動、營養、休息

缺少了健康，活力不但會下降，工作表現也會不佳。而身體的狀況也會影響到情緒，有時還會因此而帶給人際關係不好的影響。因此每個人必須成為健康專家，自覺身體的健康、管理自己的身體狀況。

為了維持健康的狀態，也就是身體的能量，必須注意到「運動」、「營養」、「休息」這3大要素。

❶運動：提高健康、增加自信

正因為現在是什麼都可以輕鬆做的時代，所以為了不讓肉體功能退化，請養成做適度運動的習慣。運動不但能提高身體的健康，還能提高大腦活化度及識能力。同時還能增加自己的自信、堅定自己的意思，激發積極的態度。

運動的內容只要不超出自己的體力負擔都可以，能否持續才是最重要的，所以請找一個自己能樂在其中的運動。比方說，平時吃午餐時可以刻意找遠一點的店家，讓自己多一點時間走路也不錯。

❷營養：讓身體活動的燃料，要選優質食物

我想不會有人把泥巴水加在自己愛車的油箱裡，很多垃圾食物，就像泥巴水一般，但卻有很多人毫不在意地將它們吃進我們的身體（車子）裡。為了保持健康的身體，**請盡量選擇優質食物（＝營養價值高的食物），規律且均衡地飲食。**

❸休息：回復被消耗的身體能量

為了維持優質的工作表現，必須適度地安排休息時間，在工作時間之內，也請安排時間定時地休息一下。此外，也請每天保持充足的睡眠，休假時可以做些讓自己能從工作中解放的活動，讓身心靈都獲得抒緩，同時也可以讓消耗的身體能量盡快回復。

人生不是只有工作，記得「享受」

積極生活？還是消極生活？選擇哪一種生活方式是個人的自由，但如果以「希望讓部屬成長」的目標來說，選擇前者才是王道。**主管的人生是否過得充實，對部屬將造成極大的影響。**

◉ 4個擁抱充實人生，並樂在其中的重點

重點❶ 重視家人或朋友

家庭出現問題的主管，容易給人沉重的感覺，不重視朋友的主管，無法讓部屬與他交心。家人或朋友對於正在工作上衝刺的主管來說，應該是人生路上值得開心的要素之一。

重點❷享受自己的興趣

假日時如果能夠沉浸於自己的興趣當中，除了內心的滿足度將提高之外，大腦的思緒也將變得更清楚。除了工作外沒有別的興趣的人，很容易被認為是一個「無聊」的人，**而且壓力也不容易發散**。擁有自己的興趣，可以讓自己在職場上有更多話題，也能激發更多新創意。

重點❸永遠保持挑戰的心

人生的目標如果是「長壽」的話，將如同嚼口香糖一樣，久而無味。假如你的人生態度保守、不願改變，可能就不會有人想跟隨在你後面了。請拋開惰性及被動的態度，拿出「挑戰精神」！

重點❹不抱怨、不發牢騷

「抱怨」和「牢騷」，非但無法解決事情，還可能導致負面的能量找上門。這種發言其實是一種「把責任往外推」的行為。為了自己的人生，希望大家盡量避免口出抱怨。

「快樂」是很主觀的，所以應該要照自己的意思來做選擇，找出對你自己來說最適當、最棒的選擇，創造屬於你自己的愜意人生。

保持主管最佳狀況的CHECK LIST

- □外表打理好了嗎？
- □周邊環境整理好了嗎？
- □有確實遵守和別人的約定嗎？
- □守時嗎？
- □有適度運動嗎？
- □是否均衡飲食？
- □有適度運動嗎？
- □有適當休息嗎？
- □把朋友或家人擺在第一位嗎？
- □除了工作以外，能享受自己的興趣嗎？
- □在人生的路上，是否開始挑戰自己想做的事？

結語

從經驗中自我學習，就是最好的成長

對我而言，首次深刻感受到「從經驗中學習」這件事的重要性，是2000年挑戰號稱世界第一險峻的歷險越野比賽（Adventure racing）「厄瓜多高盧越野賽（Raid Gauloises Ecuador）」的時候。因為我是自行組團參加的，所以當時敗在沒有好好負起主管的責任，結果讓團隊落敗了。

◉ 認真培育部屬的同時，主管自己也會成長

正因為我自己從事企業主管指導顧問的工作，所以受了極大的打擊。但當時的態度與經驗，讓我對「領導能力」及「團隊合作」這兩件事有了新的想法。

從經驗中能夠學習到多少東西，一切端看你注入多少心力在其中。**為了讓部屬更快**

成長，「認真做下去」的態度是十分重要的。而且主管本身也會因為認真地想培育人才，也同時獲得成長。

到2013年為止，從事協助企業培訓人才的工作已經將邁入第17個年頭，自己也十分好奇，喜愛不同生活刺激的我，為什麼能夠一直持續同樣的工作到現在呢？因為我一直樂於「**協助別人成長**」。

◉主管、老師、父母，都能用上的「不帶人原則」

這幾年也透過養育子女的過程，讓我對「培育人才」有了更大的體認。因此我閱讀了形形色色的育兒書、甚至在教育現場親耳聽聞到的一些育兒經當中，我深刻了解到「從經驗中學習」、「以自己頭腦思考」這二件事在成長路上是十分重要的，而且也痛感小孩與家長都不願意為此做出改變。

本書的中心信念「不帶人原則」，今後除了企業主管與經理級人物外，父母、學校的教師、運動教練等等，對於所有「主管」來說，這個信念應該將成為他們共通的課題。對我而言，將這種「不帶人原則」的觀念在不同地方實現、延伸，將成為我下一個挑戰。

最後，本書出書之際，非常感謝各位日經商業講座企劃「不用帶人，部屬會自動成長！」的一連串系列活動，也感謝在本書編輯、製作時給予我莫大支持的日經BP公司的各位、在我孤獨執筆時給予我支援的宮本先生，借這個地方向大家表示我深深的謝意，感謝大家！

2013年1月

生田洋介

職場通 職場通系列006

會帶人的主管才知道問話的技術

不用帶人，部屬會自動成長的62句關鍵話

指導しなくても　部下が伸びる！

作　　者　生田洋介
譯　　者　郭欣怡
出版發行　核果文化事業有限公司
100台北市南昌路二段81號8樓
電話：（02）2397-7908
傳真：（02）2397-7997
電子信箱　acme@acmebook.com.tw
采實集團官網　http://www.acmestore.com.tw/
采實集團粉絲團　http://www.facebook.com/acmebook

主　　編　賴秉薇
業務經理　張純鐘
行銷組長　蔡靜恩
業務專員　邱清暉、賴思蘋
封面設計　張天薪
內文排版　菩薩蠻數位文化有限公司
製版・印刷・裝訂　中茂・明和
法律顧問　第一國際法律事務所 余淑杏律師

ISBN　978-986-9030-70-0
定　　價　300元
出版一刷　2014年1月23日
劃撥帳號　50249912
劃撥戶名　核果文化事業有限公司

國家圖書館出版品預行編目資料

會帶人的主管才知道問話的技術：不用帶人，部屬會自動成長的62句關鍵話／生田洋介著；郭欣怡譯.-初版- -臺北市：核果文化,民103.1 面；公分.--（職場通系列；6）譯自：**指導しなくても　部下が伸びる！**
ISBN　978-986-9030-70-0
1.企業領導　2.組織管理
494.2　　102027993

核果文化
CORE PUBLISHING